DENGJU
SHEJI
YU
ZHIZUO

工业设计／产品设计专业
系列教材

王锡斌　唐志刚　编著

灯具设计与制作

U0389805

化学工业出版社
·北京·

内容简介

本书主要分为四个章节。第一章简述了灯具发展的历史、现状及趋势，让读者对灯具及光源有一个整体的认知；第二章从设计概念、创意手法、设计要素、设计程序等方面展开，引导读者开展灯具设计实践；第三章从实验室安全、制作材料、工具等方面展开，为灯具的实验室制作奠定基础；第四章从灯具的制作技术路线及工艺分析、材料及光源选择、电路设计安装、光效测试及优化等方面展开，并列举了四个灯具设计制作实践案例。

本书源自于编著者多年一线教学的实践经验，内容通俗易懂，可操作性强，适合用作产品设计、工业设计专业的本科生、专科生的教材，也可供相关专业的技术人员及灯具设计爱好者阅读参考。

图书在版编目（CIP）数据

灯具设计与制作/王锡斌，唐志刚编著. —北京：化学工业出版社，2021.12（2024.8重印）
ISBN 978-7-122-40446-6

Ⅰ.①灯⋯ Ⅱ.①王⋯②唐⋯ Ⅲ.①灯具-设计②灯具-制造 Ⅳ.①TS956

中国版本图书馆CIP数据核字（2021）第264270号

责任编辑：陈 喆 王 烨　　　　　　　　文字编辑：袁 宁
责任校对：王佳伟　　　　　　　　　　　装帧设计：王晓宇

出版发行：化学工业出版社（北京市东城区青年湖南街13号　邮政编码100011）
印　　装：涿州市般润文化传播有限公司
710mm×1000mm　1/16　印张14¹/₂　字数241千字　2024年8月北京第1版第3次印刷

购书咨询：010-64518888　　　　　　　　售后服务：010-64518899
网　　址：http://www.cip.com.cn
凡购买本书，如有缺损质量问题，本社销售中心负责调换。

定　　价：69.80元

灯具设计是简单的，有光则可为灯；灯具设计又是复杂的，光是极富灵性的精灵，它或明或暗、或远或近、或强或弱、或冷或暖、丰富多彩、变幻万千。从古至今，人类围绕着这个精灵做了无数的尝试和探索，在长期的实践中创造了大量技术精湛的灯具作品，形成了光辉灿烂的灯具文化。这都表明实践对于灯具设计的重要性。

灯具设计是产品设计、工业设计专业中普遍开设的一门专题设计课程。在实践教学环节经常会遇到各种各样的困难和问题，例如课时安排不足、学生对材料和工艺不了解等，导致灯具设计课程仅停留在"创意"阶段。灯具只是光的载体，光效才是灯具的灵魂，是灯具设计的核心表达方式。灯具的光效或绚丽或朦胧，姿态万千，这不是纸面上的创意构思所能准确把控的。因此，灯具设计必须由创意设计向实体制作跨越，在实体制作的实践中加以验证、调整和优化。

本书分为四个章节。第一章为灯具概述，主要论述灯具发展的历史、现状及未来的发展趋势，让学生对灯具和光源有一个整体的认知。第二章为灯具的方案设计实践，主要探讨灯具设计的方法、要素以及程序，让灯具的创意设计得以顺利完成。第三章为灯具模型的实验室制作筹备，主要涵盖实验室安全教育、灯具模型制作中常用的材料和工具等内容，指导学生选好材料、用对工具，这是确保灯具设计方案由创意设计向实体设计和制作跨越的关键。第四章为灯具模型的实验室制作实践，主要包括实体模型制作的方法、步骤以及测试优化，并以"一步一图"的方式，展现优秀教学案例的设计制作过程，指导学生在实验室的条件下，安全高效地完成灯具的实体制作。这四个部分的内容是依据灯具设计课程的实践教学顺序依次展开的。层层递进的教材章节结构方式，让前后的教学环节形成环环相扣的有机整体，有利于实践教学的顺利开展。

《灯具设计与制作》是笔者结合多年的教学实践经验编写而成，对于笔者而言，分享多年积累的经验是一种快乐，以图书的形式呈现又是一种挑战。带着这种快乐与挑战，笔者用了近两年的时间进行撰写。

在撰写过程中，王锡斌负责把握全书的整体框架，并撰写了本书的第一、三章，唐志刚撰写第二、四章。王锡斌教学的肇庆学院美术学院产品设计系2018级学生为本书第四章提供了一部分实践案例，给本书增添了色彩。本书是肇庆学院实践教材建设项目成果，得到了肇庆学院领导的细致建议与大力支持。在此一并表示诚挚的谢意。

本书部分内容及图片来源于参考文献及网络资源。在此我们谨对所有参考资料的作者表示衷心的感谢。

由于时间仓促以及笔者水平有限，书中尚存在不足之处，敬请各位同行专家和读者批评指正。

编著者

目
录
CONTENTS

第一章

灯具概述

从说文解字的角度来看，"灯"与火相关，人类认识和保存火是灯具发明的先决条件。从某种意义来讲，人类祖先在黑暗中所燃起的第一堆篝火，就是第一个可用于照明的人造光源，就是第一盏"灯"。经过漫长岁月的生活实践，为满足照明方式的不同需要，人们逐渐开始有意识地借用一些辅助装置来固定火源。这些辅助装置经过不断改进和演变，就形成了专门用于照明的灯具。

与灯相关常见的成语很多，包括灯火通明、灯火辉煌、万家灯火、灯火阑珊、张灯结彩、彩灯高挂、灯火璀璨、灯光如昼等。从这些词语中，我们都能明确地感受到"光"的存在，它或明或暗、或远或近、或强或弱、或冷或暖，都生动展现了光的丰富多彩、变幻万千。

由此可见，"光"是灯具的第一要素，"照明"是灯具的第一要义。

通过本章的学习，你将会有如下收获：

❶ 了解灯具设计发展历史，进一步提升对灯具文化的认知；

❷ 掌握市面上主要灯具的类型，为灯具设计提供基础；

❸ 了解灯具的发展趋势，保证灯具设计内容与时俱进；

❹ 了解光源的发展趋势，为灯具设计后期的光源选择提供技术指导。

第一节
灯具发展史略

一、灯具的起源

关于灯具究竟是什么时候起源的问题，一直有不同的观点，但是大多数历史学家认为灯具应该起源于旧石器时代或者更早之前。据考古发现，在旧石器时代的晚期，西方已经出现了用空心石头或海螺做成的原始灯具。这种原始石器灯具在我国石器工艺发达的新石器时代极有可能也出现过，不过我们至今未曾发现。

德国的人类学家利普斯在《事物的起源》一书中说："新石器时代的灯是庞贝城和罗马点油灯的先型。"

史料表明，在电光源没有被发明之前，火是唯一的人工照明光源，这个阶段一直延续了几千年。这个阶段的灯具设计均是围绕"火"这个光源展开的。中国以油灯作为主要的照明光源，而西方以蜡烛为主要照明光源。尽管不同的光源导致了东西方的灯具设计有着明显的差异，但是，以化学燃烧方式产生的火焰作为照明光源的形式一直没有改变。直到1879年爱迪生成功改进技术，发明了具有实用意义的白炽灯，人类才进入了电光源照明的新时代。

依照光源的发展演变，灯具的发展历程大致可以分为前电力时代以及后电力时代。

二、中国古代灯具

大量考古资料表明，我国古代灯具不仅种类繁多、有很强的实用性及时代性，而且许多灯具设计新颖、内涵丰富、工艺精湛。灯具的种类、形态、功能都一直随着时代的发展而进步。其中有许多精品已经成为国宝级的文物。

（一）第一阶段：战国之前

在战国之前，中国没有明确的关于灯具的记载，迄今为止也没有战国前的灯具实物被考古发现。但是，这并不意味着在战国之前中国没有灯具。可以大胆地推断，在人类认识到火的照明功能，并掌握了火的保存使用技能之后，原始的灯具也就随之产生了。

在新石器时代晚期，中国先民就掌握了制陶的工艺，生产制作出用于盛食物的浅盘型器物——陶豆。按照考古界比较普遍的观点，陶豆可能是一种兼而用之的雏形灯具。依此观点，战国之前可能并未出现专门的豆形灯。也正因为早期豆形灯的载体——陶豆具有一物多用的特点，考古学界并没将其定义为专门的灯具。

图1-1　甲骨文、金文中的光字

在商、周时期的历史文献中，虽说没有关于灯的文字资料，却有不少"烛光"的记载。而甲骨文中虽无灯烛的字样，却有"光"字（如图1-1），该字作一个跪坐的人，头顶上有火焰之状。由此可见，当时的人们已经懂得使用灯光照明。

陶豆作为盛食器，在工艺上已经成熟并且形状多样，因此演变成灯具的形状也丰富多样。典型的豆形灯主要由三个部分组成：盘、手柄和座。从商周早期到春秋中期，豆的整体特征为无盖无耳、浅腹、粗手柄。豆形灯的灯盘由深变

图1-2　西汉豆形灯

浅，手柄由粗变细，底座成喇叭形，由低变高。从春秋战国时期开始，豆的形状逐渐丰富，开始出现各种形状，如浅盘、深盘、粗柄、细柄、短足、长足、附耳、环耳等（如图1-2）。

豆形灯具是中国古代最常见的、数量多且流传时间最长的灯具。直到20世纪初，中国很多农村地区还广泛地使用豆形灯。

（二）第二阶段：战国时期

战国时期的陶豆灯可以说是中国最早的定型灯。从陶豆灯的大批出土可以断定，它已成为当时人们日常生活中不可缺少的照明用具。

战国时，已经开始用"镫"字来作为灯具的称谓。《尔雅·释器》云："木豆谓之豆，竹豆谓之笾，瓦豆称之登（镫）。"镫，指的是陶制的豆，一般上面

有盘，下面有长长的握手。甲骨文里的这个"豆"字，恰似一个高脚盘。灯就是由豆逐渐演变而来的。古人在豆里面放入油料，再点燃灯绳来照明，所以，灯最初被称作"镫"或者"烛豆"。

战国时期的青铜加工工艺进入崭新的历史阶段后，青铜灯具作为青铜器文化中一种后起的新生事物，在战国时期的上层社会中已经被普遍地使用了。从目前出土的文物资料看，战国时期的青铜灯具数量不多，但是都相当精美，反映了古代工匠们巧妙的艺术构思，也体现了当时的铸造工艺达到了相当高的水平。审美观念在灯具装饰上，很明显是追求精细繁缛、龙飞凤舞的纹饰，充满了生机。常见的人物、彩绘以及传统的纹样出现，给人以生活的自由美感。

比较具代表性的有青铜灯、人俑灯、兽形灯和多枝灯几个类型。

1. 人俑灯

1957年出土于山东省诸城葛埠村的人形铜灯通高21.3厘米，盘径宽11.5厘米。这件人形铜灯（如图1-3），整体为一个身穿短衣的男子，双手各擎着一个带有盘柄的灯盏。盘柄呈弯曲带叶的竹节形状，灯盏下面的榫口与盘柄插合，可根据需要随意拆卸，铜人脚下为弯曲的盘龙形灯座，构造十分精巧。虽然是灯具，但用于装饰的人像、灯座等却占了灯体的大部分。不过，早期的灯具只需具备简单的灯盘储油就可以了。

人形铜灯出土时，人们还在它旁边发现了一个长柄的铜勺。铜勺应该与铜灯配套，估计是向铜灯里添油用的。

人形铜灯设计巧妙，造型新颖，是不可多得的青铜艺术品。但是，以往人们对战国灯具所知甚少，以至于有观点认为灯具是始自秦汉时期的。20世纪40年代后，尤其是70年代以来，各地陆续出土了十几件战国铜灯，这才让人领略到战国青铜灯的艺术魅力。

随着灯具的发展，特别是统治阶级对于生活器物的要求不断提高，灯具的装饰性越来越强，制作工艺也日趋精湛。战国时的青铜灯具由灯盘、把手和底座三部分组成，多为贵族实用器。灯具的造型

图1-3　人俑灯

也灵活多样，其中，人俑灯是最具代表性的青铜灯。

2. 兽形灯

1976年在河北易县燕下都武阳台出土了铜象灯。铜象灯通高约11厘米，象长约14.9厘米，象呈站姿，鼻高卷，口微张，象牙从嘴角伸出，腮略鼓，双目圆睁，两耳下垂；肥腹宽臀，两胯隆起，卷尾向下，四足粗壮；背部驮一个圆形灯盘，腹部刻有"右府尹"三字。铜象灯整体造型浑厚优美（如图1-4）。

图1-4　铜象灯

3. 多枝灯

多枝灯见有三个灯盏，多至十五个灯盏。1977年平山县三汲村战国中山王墓出土的"战国中山十五连枝灯"，高82.9厘米，是出土的战国时期最高灯具。灯具（如图1-5）整体造型犹如一棵大树，主干矗立在镂空夔龙纹底座上，由三只独首双身、口衔圆环的猛虎托起。四周伸出七节树枝，枝上托起十五盏灯盘，高低有序，错落有致。每节树枝均可拆卸，便于安装，并可根据需要增减灯盏的数目。主架枝上方塑有游动的夔龙，第四层曲枝上有两只啼鸣的鸟，第一、二、三、六层曲枝上有八只嬉戏的猴子，其中第三层曲枝

图1-5　战国中山十五连枝灯

上的两只猴子单臂攀援、全身悬空，似在向座上之人讨食。树下站立赤膊短裳的鲜虞族家奴二人，正向树上抛食戏猴。战国中山十五连枝灯设计精致，工艺考究，人、虎、猴、鸟、龙生动自然，妙趣横生。整个灯台映出了一幅情趣盎然的画面，折射出先人杰出的创造力，体现出当时的铸造工艺达到了相当高的水平。

战国灯具的发展，为后代灯具的繁荣奠定了基础。战国铜灯除了有很强的

装饰性、艺术性以外，还很方便、实用。从可以拆卸的灯盘的运用等人性化的细节，充分体现出中国古人的聪明、智慧。

（三）第三阶段　秦汉时期

随着技术的迅速发展和人们生活水平的逐步提高，秦汉时期的灯具已走进千家万户，成为人们生活中不可缺少的器具。青铜灯具的生产步入了兴盛阶段。

秦朝的灯具出土实物不多，但从一些文献记载中也可大致见其貌。《西京杂记》卷三记载："高祖初入咸阳宫，周行库府。金玉珍宝不可称言，其尤惊异者，有青玉五枝灯，高七尺五寸，作蟠螭以口衔灯，灯燃，鳞甲皆动，焕炳若列星而盈室焉。"这表明秦代铸造的灯是何其华丽。

汉代的灯具对战国和秦朝的灯具制造工艺既有继承，又有创新。众多出土实物表明，这一时期的灯具不仅数量显著增多，而且无论材质或是种类都有新的发展，这说明灯具的使用已经相当普及了。汉代灯具制作材料中，有铜、铁、陶、瓷、玉、石等，灯具中以青铜灯具最为多姿多彩。汉代灯具品种众多、制作数量巨大、质量精美、使用普及，远远超过了战国和秦代，可见汉代已进入了中国古代灯具的繁荣鼎盛时期。铁质灯具的出现与当时冶铁技术的进步以及铁器的普遍使用密切相关，但是在全国范围内出土的汉代铁质灯具并不多见。汉代灯具的功能也有所拓展，为了解决人们夜间出行不便、室内光线差等问题，在原有的座灯的基础上，又出现了行灯和吊灯。行灯可以手持，方便携带；吊灯可悬挂在高处，增加一定的照明范围。

雁鱼灯是西汉很有代表性的青铜灯具。本书所列彩绘雁鱼铜灯为西汉时期的文物，1985年出土于陕西省神木县店塔村西汉墓，通高54厘米，长33厘米，宽17厘米。现收藏于陕西历史博物馆（如图1-6）。

彩绘雁鱼铜灯由衔鱼的雁首、雁身、两片灯罩及带曲銴的灯盘四部分组成，可拆卸。雁身为两范合铸，两腿分铸后焊接。通体彩绘，两灯罩可自由转动，能调节灯光照射方向和防御来风。雁腹内可盛清水，灯烟经雁颈溶入水

图1-6　西汉"彩绘雁鱼铜灯"

中，可减少油烟污染。构思精巧别致，是汉代灯具中的杰作。

汉代灯具多以动物油脂为燃料，点灯时会有一些没有完全燃烧的炭粒和燃烧后留下的灰烬，随着油面上升的热气流挥发，造成室内烟雾到处弥漫，污染室内空气和环境。而雁鱼铜灯很好地解决了烟雾的问题。鱼腹、雁颈、雁体内部中空，彼此相连。照明时燃烧引起的烟雾，先由鱼形灯罩导入雁颈造型的烟管，再经烟管进入盛水的雁腹，利用水来净化。如此精巧的设计避免了油烟对室内空气的污染，艺术而又环保。

西汉长信宫灯，是中国汉代青铜器，1968年出土于河北省满城县中山靖王刘胜之妻窦绾墓。灯体通高48厘米，重15.85千克。长信宫灯灯体为一个通体镏金、双手执灯跽坐的宫女，神态恬静优雅。长信宫灯设计十分巧妙，宫女一手执灯，另一手袖似在挡风，实为虹管，用以吸收油烟，既防止了空气污染，又有审美价值，是当时灯具设计结合科技与艺术的典范之作。此宫灯因曾放置于窦太后（刘胜祖母）的长信宫，灯上刻有"长信"字样而得名，现藏于河北省博物馆（如图1-7）。

图1-7　长信宫灯

（四）第四阶段：魏晋南北朝时期

魏晋南北朝时期，连年战争、社会动荡、经济和文化发展缓慢，道家和佛家的出世思想日渐盛行，随之而来的是佛教艺术的兴盛。灯具装饰艺术也受到了很大的影响，无论是瓷灯、铜灯、铁灯，还是石灯，无论是莲花形制或莲花瓣纹装饰，还是人物灯及动物灯的装饰，都反映出佛教文化的特色。

青铜灯具走向衰落；陶瓷灯具尤其是瓷灯已成为灯具中的主体；汉代才出现的石灯，随着石雕工艺的发展，也开始流行；另外铁质、玉质灯具和木质烛

图1-8 胡人骑羊青瓷烛台

台也有出土。由于材质改变，这一时期灯具在造型上发生了较大变化，盏座分离、盏中无烛扦已成为灯具最基本的形制。

陶瓷灯具在魏晋南北朝时期被普遍使用，其中青瓷灯具占了很大的比重。动物形灯具、人物形灯具开始大量流行。出土的实物有羊形灯、熊形灯、人物灯、狮形灯、莲花灯等许多种类（如图1-8）。

魏晋南北朝时期，部分灯具在作为照明用具的同时，也逐渐成为祭祀和喜庆等活动的必备用品。

（五）第五阶段：隋唐时期

隋唐时期是中国封建社会十分繁荣昌盛的时代。它结束了300多年的分裂割据，而再次统一。隋唐时期在我国历史上政治、文化、经济都是鼎盛时期。

隋唐时期不但大量生产以实用为主的灯具，而且发展了具有照明和装饰双重功能的彩灯。皇宫中使用的彩灯，称为宫灯。自此，中国古代灯具沿着实用灯具和宫灯两条主线并行发展。隋唐时期的灯具主要以陶瓷灯具为主。瓷灯有青瓷和白瓷，并有少量黑瓷；陶灯有灰陶、釉陶和三彩，多以烛台灯为主，装饰亦多简易。

隋唐时期白瓷的生产逐渐得以普及，灯具也是其主要产品。白瓷灯具端庄大方，胎色较白，质朴素净，釉面光润，是当时的高档生活用品（如图1-9）。

1956年，河南陕县刘家渠出土的白瓷莲瓣座烛台高30.4厘米，口径6.5厘米，现藏于中国国家博物馆。白瓷莲瓣座烛台为唐代瓷灯具的精美之作，其制作工艺考究、原料精良、釉色润泽、造型美观。此烛台由灯盘、台柱和承座组成。灯盘呈杯形，中心的圆筒插放蜡烛，烛泪流于杯盘后还可回收。用于执握的台柱细长挺拔，有多圈的瓦棱旋纹，既可打破柱子的单调，执握时也不易滑动。承座凸雕莲瓣纹。整体设计十分精巧，美观又实用，向人们展示出唐代邢窑高超的工艺水平（如图1-10）。

图1-9 隋至初唐白釉象形烛台

唐代的陶质烛台以新品种唐三彩为代表，它是一种低温釉陶，其颜色以黄、绿、白为主，色彩斑斓绚丽（如图1-11）。

省油灯也是我国古代杰出的灯具设计作品

图1-10 邢窑白瓷
莲瓣座烛台

图1-11 唐三彩烛台

图1-12 省油灯

（如图1-12）。

迄今为止出土的省油灯几乎都分布在四川，年代最早为唐朝，数量最多为宋朝。由此推测，省油灯很可能起源于唐代四川。陆游的《斋居纪事》云："书灯勿用铜盏，唯瓷盏最省油。蜀有夹瓷盏，注水于盏唇窍中，可省油之半。"省油灯之所以省油，关键就在于它的双层设计：一层装油，用来照明；一层装水，用来散热。灯具所使用的植物油也好，石油也罢（宋朝人已经知道利用天然石油），都很容易挥发，温度越高，挥发越快。在油碗下面注入凉水，升温就慢了，挥发就少了，所以省油。

（六）第六阶段：宋元时期

我国历史上所用的照明材料除现代的电光源外，都已在宋元时期出现。除以前的动物油脂外，植物油和蜡烛已成为主要照明材料，用石油当作照明燃料也已出现。北宋时的都城汴梁已经临街设店，昼夜经营，大大促进了灯具的发展。

宋元时期在经济和科学技术上有了较大的发展，在灯具上明显地把实用灯和随葬用灯分开。就考古资料来看，所见到的大部分灯具是随葬品，但实用于生活中的灯具较隋唐瓷灯具来看：形制多样；釉色丰富多彩，有黑釉、青釉、酱釉、绿釉、白釉等；装饰技法有贴塑、刻花、绘花、剔花、镂空等。自从唐代盛行"上元观灯"习俗，经宋代以后就不断加以改进和充实，民间各种各样的灯会更加丰富多彩，各式各样的灯具脱颖而出，装饰艺术更加多样化，有"无骨灯""罗帛灯""珠子灯""羊皮灯""纸灯"等，每逢节日，灯会"灯光

图1-13 走马灯

不绝"。花灯制作更加讲究，雕工精细，五色妆染，如影戏之法，进入一个五彩缤纷的灯具世界。

宋元时期的金属灯具发现不多。但总体上看，此时的灯具无论是种类还是形制，实际上要比今天所见到的考古发掘资料多得多。

走马灯是中国古代灯具的又一个杰出代表。许多古籍都有关于走马灯的记述。走马灯上有平放的叶轮，下有燃烛或灯，热气上升带动叶轮旋转，这正是现代燃气涡轮工作原理的原始应用。

正月十五元宵节，民间风俗要挂花灯，走马灯为其中一种。在宋朝就有走马灯，当时称"马骑灯"。元代谢宗可咏走马灯的诗云："飙轮拥骑驾炎精，飞绕人间不夜城。风鬣追星低弄影，霜蹄逐电去无声。秦军夜溃咸阳火，吴炬宵驰赤壁兵。更忆雕鞍年少梦，章台踏碎月华明。"因多在灯各个面上绘制古代武将骑马的图画，而灯转动时看起来好像几个人你追我赶一样，故名走马灯（如图1-13）。走马灯的发明，至晚在宋代。宋代吴自牧的著作《梦粱录》述及南宋京城临安夜市时，已指出其中有买卖走马灯的。周密在《武林旧事》中记述临安灯品时也说："若沙戏影灯马骑人物，旋转如飞。"可见，走马灯在南宋时已极为盛行。在一个或方或圆的纸灯笼中，插一根铁丝作立轴，轴上方装一个叶轮，其轴中央装两根交叉细铁丝，在铁丝每一端粘上人、马之类的剪纸。当灯笼内灯烛点燃后，热气上升，形成气流，从而推动叶轮旋转，于是剪纸随轮轴转动。它们的影子投射到灯笼纸罩上，从外面看，便成为清末《燕京岁时记》一书中所述的"车驰马骤，团团不休"之景。

（七）第七阶段：明清时期

明清时期是中国古代灯具发展最辉煌的时期，最突出的表现是灯具和烛台的材质和种类更加丰富多彩。在材质上除原有的金属、陶瓷、玉石灯具和烛台外，又出现了玻璃和珐琅等材料的灯具。瓷灯具仍然是实用灯具的主流。

宫灯，又称宫廷花灯，是我国独特的传统灯饰，长期以来都是宫廷御用灯具，以雍容华贵、充满宫廷气派而闻名于世。明清时期宫灯相当兴盛，表现为种类繁多、造型多样。宫灯的制作主要是用细木为骨架，其上镶嵌绢纱和玻璃，并在外面绘制各种装饰纹样。其外形多种多样、千变万化，主要有六方形、八方形、扇形、南瓜形、龙凤灯等，有实用功能和观赏价值。宫灯一般分上下两层，上大下小，很像建筑中的亭子。宫灯在世界上享有盛名，清朝末期，北京宫灯曾在巴拿马博览会上获得金牌。直到今天，在一些豪华殿堂和住宅里仍能发现宫灯造型装饰（如图1-14）。

图1-14　宫灯

三、西方古典灯具

目前，关于西方古典灯具的研究并未成熟，我们可以通过西方的古典建筑设计研究来理解同时期的西方灯具。西方的古代灯具同样是丰富多彩的，不同的时期、不同的社会阶层都会有不同的灯具，其中最引人瞩目的当数巴洛克和洛可可时期的灯具，人们习惯称之为"欧式灯具"。

欧式灯具起源于西欧，尤以英国、法国、意大利等地域的为代表。欧洲文明在长期的发展中，形成独特的艺术审美情趣，并有别于东方文化。相对于东方文化的典雅，欧洲文化更趋厚重。反映在灯具上，造型复杂又精致，材料贵重又坚固。由于欧洲建筑多以石头为建筑材料，而且空间跨度和高度较大，作为兼顾建筑内外部功能的灯具就必须符合建筑尺度，因此欧式灯具的体量都比较大，而且异常坚固。

为此，欧式灯具的构架多选用铁、铜、锡等金属材料，为了体现豪华与精致，水晶、玻璃、透光大理石常被用来作为灯具的罩面材料，与金属骨架融为一体，反映了欧式灯具的主要特征（如图1-15）。

巴洛克风格的灯具诞生于佛罗伦萨文艺

图1-15　仿古水晶灯

复兴运动之后，虽然诞生于意大利，但是巴洛克灯具在法国发展到了顶峰。法国第一盏巴洛克水晶吊灯出现在17世纪，由路易十四倡导后开始流行。巴洛克灯具虽然与建筑使用的材料不同，但是大多属于昂贵材料，在灯具的制作工艺上也是当时较为领先的技术，且价格不菲，装饰手法与工艺复杂繁琐。以法国凡尔赛宫为例，室内的灯具尤其是庞大复杂的水晶吊灯，在造型上采用了复杂的结构形式，装饰材料上运用镀金镀银等工艺。水晶雕刻的垂饰层层排列，几乎覆盖了整体的结构。光线照到上面色彩斑斓，极尽奢华之美。

灯具上的综合性主要体现在造型的装饰表现手法上，这一时期该风格的灯具综合了雕塑、绘画、建筑等多种艺术表现手法，在材料工艺上大胆尝试水晶玻璃切割技术，并与金属技艺进行融合，使这些灯具变得更加具有视觉冲击力。

洛可可时期的烛台架的种类很多，包括单支烛台和组装成的枝状大烛台，它们对室内灯饰起到重要的作用。它们非常轻盈，可以轻松而随意地拿到你想放置的位置，在绘画中经常看到，烛台有时在桌子上，有时在壁炉上。枝状大烛台上可以放八至十支蜡烛，放在涡形脚桌子或者壁炉上，目的是让它们的光亮可以通过后面的镜子再次反射，增加室内环境的亮度。

图1-16　仿古壁灯

壁灯也是常见的室内照明灯具，一般也固定在镜子的两侧，其目的也是尽可能地增加光亮。其早期的装饰有龙或者中国人的形象，路易十五时期，壁灯常常被做成洛可可式的曲线和植物的形状（如图1-16）。

四、近现代灯具

1879年，爱迪生改进技术，发明了白炽灯，人类从此跨入了电气照明的时代。

随着大工业生产的蓬勃兴起和电力时代的到来，灯具设计经过一个多世纪的发展，现在被当作独立的产品设计看待，走上了历史舞台。从19世纪到现在，现代灯具设计受到了各种设计风格、技术、环境等诸多因素的深刻影响。很多设计师都对灯具设计表现出了极大的热情，设计出了很多具有历史意义的优秀作品。

（一）"工艺美术"运动的灯具设计

源于英国19世纪下半叶的"工艺美术"运动对于工业设计发展的贡献是重要的，它首先提出了"美与技术结合"的原则，反对纯艺术；装饰上推崇自然主义，同时它强调设计忠于材料和适应使用目的，从而创造出了一些朴素而实用的作品。这些观念对于灯具设计的发展起到了开辟先河的作用。工艺美术运动在美国也有一定的影响，格林兄弟为"根堡"住宅设计的灯具，也受到工艺美术运动的影响，这个作品与传统的欧式灯具有着巨大的差异性，表现出新时代的灯具设计理念（如图1-17）。

图1-17 "根堡"住宅灯具

（二）"新艺术"运动的灯具设计

"新艺术"运动是19世纪末、20世纪初在欧洲和美国产生并发展的一次影响面相当大的"装饰艺术"运动。"新艺术"运动完全放弃任何一种传统装饰风格，走向自然风格，装饰上强调自然曲线、有机的自然形态。在"新艺术"运动设计思想的影响下，室内的家具设计以及其他家庭用品，都具有明显的"新艺术"风格的特征。

法国设计师艾米尔·盖勒的设计中采用了大量的植物的缠枝花卉，摆脱了简单的几何造型，灯座、灯罩注重装饰的细节，作品可以视为雕塑式的艺术品。

图1-18 "蒂芙尼灯"

而美国新艺术风格的灯具以蒂芙尼的玻璃灯具为代表，他提出要把工业生产方式和艺术表现方式结合起来（如图1-18）。他把欧洲传统建筑的彩绘玻璃用于日用产品设计，使原本用于教堂的建筑材料成为颇具世俗生活情趣的产品。同时他把植物花卉图案和曲线直接用于造型上，呈现出与欧洲大陆不同的特色。

"新艺术"运动的一个重要的组织是以麦金托什为代表的"格拉斯哥四人"，具有离开新艺术风格、走向现代主义的萌芽特征，在一定程度上为灯具设计向现代主义发展奠定了基础。麦金托什主张运用直线、简单的几何造型，讲究黑白等中性色彩的使用。他为格拉斯哥艺术学校图书馆设计的灯具和为杨柳茶室设计的系列灯具，大量采用纵横直线条、简单几何形体、黑白色彩，为灯具的现代主义形式的发展埋下了伏笔（如图1-19）。

图1-19 麦金托什设计的灯具

（三）包豪斯的灯具设计

包豪斯学院作为现代主义设计的重要发源地，对现代灯具设计的影响也非常巨大。

1927年包豪斯学生玛里安·布兰德年设计了著名的"康登"台灯，具有可弯曲的灯颈、稳健的基座，造型简洁优美、功能效果好，并且适于批量生产，成了经典的设计，也标志着包豪斯在工业设计上趋于成熟（如图1-20）。

威廉·华根菲尔德则是包豪斯毕业的另一位杰出的灯具设计师。这个几乎是在包豪斯度过了一生的设计师在学校的金属车间创作出了许多经典之作，其中就包括这款世界著名的镀铬钢管台灯（如图1-21）。该台灯设计于1923年，由不锈钢管与乳白色玻璃组成，造型简洁明快、结构单纯明晰，一扫此前灯具设计中纤巧繁琐之风，具有鲜明的时代美感。同时该设计充分发挥了各种新型材料的性能，各部分设计结构逻辑明确，非常重视产品的实用性与功能性。此镀铬钢管台灯为"包豪斯"教学思想"艺术与技术的新统一"作了生动的说明，现今仍有生产。

图1-20 "康登"台灯

（四）斯堪的纳维亚地区的灯具设计

20世纪初期，斯堪的纳维亚风格在北欧崛起。作为一种现代设计风格，它将现代主义简单明快的设计思想与传统的设计风格相结合，既注重产品的使用功能，又强调设计中的人文因素。

图1-21 镀铬钢管台灯

斯堪的纳维亚地区地处北欧，气候寒冷，人们多数时间都愿意待在家里。这就使得室内设计变得极具人情味。北欧国家设计发展的黄金时期是从第二次世界大战后开始的，这些小国一方面向大国的设计学习，例如新艺术、现代主义，另外一方面又保留本国民族特色和重视设计中自然材料的使用。对于灯具来说，主要体现在运用散射柔和的照明方式，让光线显得温婉柔和，富有人文关怀，同时符合功能的需要。

丹麦具有合理且有效地照明的传统，灯具设计在室内设计中起着十分关键的作用。保罗·汉宁森是丹麦著名设计师，被认为是第一位以照明的科学功能原理为基础进行灯具设计的设计师，被誉为丹麦最杰出的设计理论家。保罗·汉宁森认为灯具可以是一件雕塑般的艺术品，但更重要的是它能提供一种无

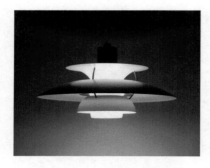

图1-22 PH灯（巴黎灯）

图1-23 PH灯（松果灯）

眩光的、舒适的光线，并创造出一种适当的氛围。

保罗·汉宁森于1924年设计出多片灯罩灯具，这件作品于1925年在巴黎国际博览会上展出，获得很高评价，并摘取金牌。这种灯具获得"巴黎灯"的美誉，成为保罗·汉宁森的成名作。保罗·汉宁森的一生都保持了"巴黎灯"的精妙设计原则。这种灯具后来发展成为极为成功的"PH"系列灯具，至今畅销不衰（如图1-22、图1-23）。

PH灯具的设计特征是：

① 所有光线都经过至少一次反射才到达工作面，以获得柔和、均匀的照明效果，并避免清晰的阴影。

② 无论从任何角度均不能看到光源，以免眩光刺激眼睛。

③ 对白炽灯光谱进行补偿，以获得适宜的光色。

④ 减弱灯罩边沿的亮度，并允许部分光线溢出，避免室内照明的反差过强。

汉宁森的PH灯不仅具有极高的美学价值，而且因为它是来自于照明的科学原理，而不是任何附加的装饰，因而使用效果非常好，体现了斯堪的纳维亚地区工业设计的鲜明特色。

第二节
目前市面主要灯具的类型

光是富于生命力的，它是建筑的灵魂，不同的灯具类型对空间光环境会产生不同的影响，灯具的重要性不言而喻。因此，想要合理有效地应用现代灯具来满足人们的日常生活以及社会发展的需求，首先必须了解众多灯具的分类和特征。

根据灯具不同的特点，可以对灯具进行多个角度的划分。通常以光通量在空间分配特性的分类、灯具的结构、灯具的安装方式、电光源的类型和灯具的用途等进行分类。从各个角度对灯具进行划分和学习的过程，其实也是了解灯具各个重要特征的过程，对灯具的设计有重要的指导意义。

一、灯具的主要分类方法

（一）按光通量在空间上下半球分配比例分

国际发光照明委员会将一般照明的灯具分为直射型、半直射型、漫射型、半反射型、反射型几类。具体分类标准见表1-1。

表1-1 光通量在空间上、下半球分配比例

项目		直射型	半直射型	漫射型	半反射型	反射型
光通量分配比例 /%	上半部	0～10	10～40	40～60	60～90	90～100
	下半部	90～100	60～90	40～60	10～40	0～10
配光示意图		（a）	（b）	（c）	（d）	（e）

（二）按灯具结构分

按照灯具结构的不同，灯具可以分为开启型灯具、闭合型灯具、封闭型灯具、密闭型灯具、防爆型灯具、隔爆型灯具、安全型灯具、防震型灯具等。

（三）按安装方式分

根据安装方式的不同，灯具大致可分为吸顶式灯具（吸顶灯）、嵌入式灯具、半嵌入式灯具、悬挂式灯具（吊灯）、壁灯、地脚灯、台灯、落地灯、庭

院灯、道路广场灯等。

（四）按电光源分

按采用的电光源不同，灯具可分为白炽灯具、荧光灯具、高强度气体放电灯具、混光照明灯具、LED灯具等。

（五）按照灯具的使用功能特征分

每种灯具在设计的时候都会有预定的功能定位：有的侧重于为特定空间提供科学有效的主照明，这被称为照明类灯具；有的为空间提供辅助性照明，这是配光类灯具；有的专为空间渲染营造特定的氛围，这就是装饰类灯具。

（六）按灯具的艺术风格分

按灯具艺术风格的不同，灯具可分为中式灯具、欧式灯具、现代简约灯具、仿生灯具等。

（七）按使用场所和范围分

中国国家标准局按使用场所和范围把灯具分成14大类，即民用建筑灯具、工矿灯具、车用灯具、船用灯具、舞台灯具、农用灯具、军用灯具、航空灯具、防爆灯具、公共场所灯具、陆上交通灯具、摄影灯具、医疗灯具和水面水下灯具。

由以上的划分方式可以看得出来，现代灯具是一个庞大的家族，种类繁多、涉及的范围非常广泛。为了便于学习和理解，本章将以室内和室外两大应用场景为线索，系统地介绍当前市面上常见的灯具类型。

二、室内灯具的类型

传统的建筑结构一般相对简单，划分室内和室外的场景的界限比较清晰。现代建筑的形态相对多变，特别是一些大型的综合性建筑，结构复杂，有很多过渡性的空间，可能介于室内与室外之间，称之为半室内空间。本书所称的室内灯具是指广泛适用于室内或者半室内空间的，无自然界的风、雨、雷、电等环境因素影响的灯具。

室内空间可以划分为不同的场所，有不同的使用功能、不同的适用对象，对灯具有着不同的需求。因此室内灯具的种类繁多,整体上可以分为室内固定式灯具和室内可移动式灯具两大类。

(一)室内可移动式灯具

室内可移动式灯具是指可以在室内空间内根据室内陈设的需要移动摆放位置,或者根据被照物体的位置调整光照方位的灯具。室内可移动式灯具往往需经常和人体接触,因此对灯具的防触电性能要求很高,常采用超低压电源和加强绝缘的方法,以确保人身安全。室内可移动式灯具主要包括台灯、落地灯、射灯、艺术欣赏灯等。室内可移动式灯具的功率较小,主要用于装饰照明和局部照明,在家居布置中常起着装饰室内空间、烘托室内气氛的作用。

1.台灯

台灯是一种为台面提供局部照明的可移动家用电器。这类灯具的外形较小,功率也比较小,光亮照射范围相对比较小和集中,因而不会影响到整个房间的光线,作用局限在台灯周围。依照其主要功能定位,可以分为工作台灯和艺术台灯两大类。

(1)工作台灯

专供于桌面工作、读书、写字用的工作台灯,它的灯罩亮度、灯罩遮挡发光体的角度、照明面积和照度都有利于缓解视疲劳和保护视力。主要用于台面上,一般分为立柱式、夹子式两种。其工作原理是把灯光集中到一小块区域内,便于工作和学习。依据所安装的光源可以分为白炽台灯、荧光台灯、LED台灯三种(如图1-24~图1-26)。

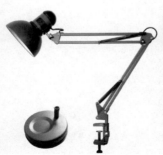

图1-24 工作台灯1　　　　图1-25 工作台灯2　　　　图1-26 工作台灯3

① 白炽台灯：配有良好的反光罩，投光性能好，能保证工作面上有充分的照度，对人眼视力有不错的保护作用。

② 荧光台灯：直管荧光台灯受到直管荧光灯管的限制，造型较为简单，但光效要比白炽台灯高。

紧凑型荧光台灯以紧凑型荧光灯管为光源，既能发挥荧光灯的光效高的优势，又能具有白炽台灯般灵活丰富的外观。

③ LED台灯：LED台灯分为两大类，一类的光源形式是采用E27等标准灯头的LED灯泡，其设计跟白炽台灯基本一致；另外一类是采用低电压的专用LED光源，如LED矩阵发光板、LED灯带等，其设计可以根据光源的不同而有很大的自由度。

随着LED光源日渐成为主流的照明光源，白炽台灯、荧光台灯已经逐步退出市场。

（2）艺术台灯

艺术台灯的功能侧重点在于为室内空间提供装饰功能，照明功能往往退居其次。因此，艺术类台灯的艺术品味要求比较高，其外观造型和灯光效果都要具有较强的艺术美感，能够在提供照明的同时，给人以艺术的享受。艺术台灯的光效一般并不高，仅可作为生活照明，不适合作为工作照明。

艺术类台灯的光源同样有白炽灯、荧光灯和LED灯几种。由于LED光源的尺寸规格、色温、功率选择都非常丰富，可以充分满足艺术类台灯的艺术创意需求，因此，LED光源已经成为艺术类台灯的主要光源（如图1-27 ～图1-29）。

图1-27　艺术台灯1　　　　图1-28　艺术台灯2　　　　图1-29　艺术台灯3

2.落地灯

落地灯是一种可移动式灯具，常常放置在客厅和休息区域里的地面上，与沙发、茶几配合使用，以满足房间局部照明和点缀装饰家庭环境的需求。但要注意不能置放在妨碍活动的区域里。常见的落地灯一般可以分为高杆落地灯、矮脚落地灯和整体落地灯等类型（如图1-30～图1-32）。

图1-30　落地灯1　　　　　图1-31　落地灯2　　　　　图1-32　落地灯3

（1）高杆落地灯

高杆落地灯的灯杆很高，其艺术造型主要体现在灯罩和灯杆上，灯杆的材质以金属、木质为主，形式和造型丰富，主要包括立柱型的、分枝型的、曲线型的、伸缩型的等等。高杆落地灯的光源一般固定在灯杆的顶端，从灯罩下缘发出的光线作为局部照明用，从灯罩四壁透出的光线可以补充室内照明。灯罩的材质分为不透明和半透明两种。不透明的灯罩一般使用金属材质，内部有浅色的反光涂层，能够提供较好的定向投光作用，配合可调节的灯杆，可以作为局部照明的理想灯具；半透明灯罩一般使用羊皮纸、磨砂亚克力、磨砂玻璃、雕花玻璃等等，这些材质的肌理、色彩在灯光的烘托之下，能产生很好的艺术效果。除了玻璃和亚克力以外，这些灯罩一般都是内外双色的，能够在光效和艺术效果的表达方面起到比较好的平衡。

（2）矮脚落地灯

与高杆落地灯相比，矮脚落地灯的高度要低很多，常作为辅助照明光源。矮脚落地灯的造型多种多样，有很好的装饰照明作用。矮脚落地灯一般用于房间、厅堂和走廊等地方的补充照明。

（3）整体落地灯

LED光源的形态类型非常丰富，它的日渐普及，给落地灯的设计提供了极大的自由度。落地灯的形态也变得更加丰富多彩，落地灯不一定再有一个明显的灯罩，甚至不一定再分为底座、灯杆、灯罩等部件。采用LED光源的落地灯，在造型、光效等方面都可以有着更为整体的设计，整个落地灯都可能是一个统一的发光体，而不用过多受光源形状、功率的限制。

3.射灯

射灯的反光罩有强力折射功能，能够将主要的光线投射到某一区域，属于局部照明灯具。室内用的射灯功率比较低，一般而言单个灯头的仅需2W（LED光源）的功率就可以产生较强的光线，如果采用传统的卤素灯光源则需要10W。射灯能重点突出或者强调某物件或者空间，装饰效果明显，广泛用于商店、博物馆、展览厅等处作为展示光源。为求展示效果的真实性，射灯光线的色温一般力求接近太阳光，但是追求特殊效果的射灯除外。

从光源来划分，射灯一般可以分为卤素射灯和LED射灯。卤素射灯是靠钨丝发光，因此光源的寿命很短，而且发热很严重，散热要求比较高，理论寿命仅500小时。卤素射灯能耗比较高，还要附带整流装置，现在已经逐步退出主流市场。LED射灯以发光二极管为光源，理论寿命达到50000小时，且具有能耗低、发热小的特点。随着LED技术的发展和进步，市场上的LED射灯性能优势非常突出，采用高纯度铝反射板的射灯，光束最精确、反射效果最佳。目前LED射灯已成为市场的主流。

嵌入式射灯和筒灯相比主要的区别就是：嵌入式射灯可以选择照射方向，筒灯只能垂直向下。两者的直观区别就是射灯用灯杯或插泡，按要求需要单独加装变压器；筒灯用节能灯或灯泡。可以考虑用筒灯代替射灯，但筒灯要求的安装间距较射灯要大。

图1-33 嵌入式射灯

从安装方式上划分，射灯可以分为嵌入式射灯、悬挂式射灯和轨道式射灯。

（1）嵌入式射灯

嵌入式射灯常装于顶棚内、床头上方及橱柜内，灯具的主体被很好地隐藏起来，只露出反光灯盘，显得非常简洁大方。可以任意调整灯头角度，以适应不同的照明需要（如图1-33）。

（2）悬挂式射灯

悬挂式射灯采用吊挂、落地和悬空等安装方

式。通过调节灯具支架或者灯体上的万向节调节灯光的投射角度（如图1-34）。

（3）轨道式射灯

轨道式射灯通过灯具卡扣上的触点，从轨道内部取电，可以在轨道上任意移动。结合灯具上的万向节或调节支架，可以很好地适应复杂的灯光投射要求，常用于美术馆、博物馆等专业场所（如图1-35）。

4.艺术欣赏灯

艺术欣赏灯是一种以灯光为表达手段、以艺术欣赏为主的灯具。艺术欣赏灯的设计构思丰富多彩，光影效果绮丽，造型和材质多种多样，整体上富有艺术感。现在常见的室内艺术欣赏灯有：光纤灯、变色灯、音乐灯和壁画灯等（如图1-36）。

5.小夜灯

小夜灯的功率很小，光线柔和，特别适合在夜晚用于指引和照明。不少小夜灯将插头与灯体进行整体化设计，结构紧凑，使用方便。还有些小夜灯集成了香薰灯的功能，加入精油，就可以起到改善室内空气的作用；加入驱蚊剂就可以起到照明和驱蚊的双重作用，非常适合家居生活（如图1-37）。

（二）室内固定式灯具

室内固定式灯具的种类比较丰富，安装数量要远多于移动式灯具。常见的室内固定式灯具有吊灯、吸顶灯、壁灯、筒灯、镜前灯、地脚灯、水族灯、建筑安全灯、舞台灯、防潮灯和防爆灯等等。其中前面4种灯具是照明功能和装饰功能并重的灯具，在设计的时候要充分考虑到使用空间的风格特征，要达到灯具风格与室内风格的和谐统一。后面的7种是功能型灯具，在设计的时候以提供安全可

图1-34　悬挂式射灯

图1-35　轨道式射灯

图1-36　艺术欣赏灯

图1-37　小夜灯

靠的实用功能为主。

1. 吊灯

吊灯是指由连接机械结构固定于顶棚上的悬挂式照明灯具。吊灯的光线具有良好的发散性，可使整个空间都受到均匀的照明，特别适合作为空间的主照明使用。

图1-38 欧式古典吊灯

图1-39 现代水晶吊灯

图1-40 中式吊灯

由于使用场所的不同，有些吊灯更侧重于外观造型，被称作装饰性吊灯；有些侧重于照明效果，被称作功能性吊灯。其中装饰性吊灯的种类最为丰富。

（1）装饰性吊灯

装饰性吊灯一般安装在厅堂等较大的空间之内，除了提供主照明以外，还能够很好地渲染空间的氛围。装饰性吊灯有照明与装饰的双重功能，从风格特征上划分，可以大致分为欧式古典吊灯、现代水晶吊灯、中式吊灯、现代时尚吊灯几个类别。

① 欧式古典吊灯：来源于欧洲古代使用烛台的照明方式，在外观设计上保留了烛台的造型，显得古典味十足。模仿蜡烛的电光源也做得越来越惟妙惟肖（如图1-38）。

② 现代水晶吊灯：充分地利用了几何形水晶的折射特性，继承了传统水晶吊灯的光效，同时在外观造型上进行全新的突破，使之更适合现代风格的室内空间。现代水晶吊灯所用的水晶基本上都是人造水晶，人造水晶的质量直接影响到整个灯具的使用效果（如图1-39）。

③ 中式吊灯：一般以传统宫灯为设计的蓝本，以竹、木为主要框架材料，搭配绢布、羊皮纸、薄胎陶瓷等材料，显得古色古香，中国风十足（如图1-40）。

④ 现代时尚吊灯：款式众多，造型简洁大

方，非常适合简约型空间使用（如图1-41）。

（2）功能性吊灯

功能性吊灯的设计核心在于提供科学高效的照明功能，因此在外观设计上往往走简洁实用的路线。灯罩的光学效应是设计的重点之一。其照明方式主要有直接照明型、半直接照明型和漫射照明型三种。功能性吊灯一般用于仓库、车间、市场等空旷的公共场所（如图1-42）。

图1-41　现代时尚吊灯

图1-42　功能性吊灯

2.吸顶灯

吸顶灯是一种直接贴合安装在顶棚上或者主体结构嵌在顶棚内的固定灯具。吸顶灯与吊灯在空间中的角色比较接近，都是承担主照明的作用，因此吸顶灯的光线也是均匀发散的。两者的区别主要体现在对安装空间高度要求的不同。吊灯一般用于较高的空间，吸顶灯一般用于较低的空间。一般的商品房层高都在3米以内，客厅、卧室、书房、厨房、卫生间、阳台等位置均可安装吸顶灯，可见吸顶灯在普通商品房内的适用范围非常广（如图1-43）。

吸顶灯主要的光源有荧光光源、卤素光源、LED光源等等。

图1-43　吸顶灯

吸顶灯常见类型有单灯罩吸顶灯、多灯罩组合式吸顶灯、水晶吸顶灯、内嵌式吸顶灯等等。

（1）单灯罩吸顶灯

单灯罩吸顶灯一般采用荧光灯管或者LED作为光源，灯罩采用塑料、玻璃等材质制成，具有透光性好、光线柔和、简洁大方的特点，广泛用于房间等小面积空间作为主要照明灯具。

（2）多灯罩组合式吸顶灯

多灯罩组合式吸顶灯是将多个形状相同的单体灯罩组合到一起，而且每个灯罩内都有独立的光源的吸顶式灯具。多灯罩组合式吸顶灯的各个单体灯一般都是安装于同一个平面上，可以产生比较理想的照度，一般使用在厅堂等相对宽敞的空间。

（3）水晶吸顶灯

水晶吸顶灯一般是在方形、圆形等形状的不锈钢底盘上整合安装光源、人造水晶片、人造水晶棒、人造水晶挂件等部件，利用不锈钢底板的反射性以及人造水晶的反射、折射性，营造富丽堂皇的装饰照明效果。广泛地用于客厅、餐厅、客房以及商业空间等场所。

（4）内嵌式吸顶灯

内嵌式吸顶灯一般是指结合顶棚安装的灯具。灯罩面板以外的部分镶嵌在顶棚里面，显得整洁大方。为了便于施工安装，很多内嵌式吸顶灯的尺寸规格都是与天花板标准模块的尺寸相匹配的，常用的外尺寸为300mm×300mm、300mm×600mm、600mm×1200mm等。小型内嵌式吸顶灯常用于厨房、卫生间等地方，大型的内嵌式吸顶灯则常用于办公室、会议室、营业厅等场所（如图1-44）。

3.壁灯

壁灯泛指安装在墙壁、建筑支柱及其他立面上的灯具。壁灯的功率比较小，照射的范围比较有限，而且由于很多壁灯安装的高度都离人的视平线不远，因此壁灯的设计应尽量避免眩光，以避免对人眼产生刺激。壁灯可以作为局部照明的补充性光源，其独特的安装位置也有利于营造特殊的空间氛围。

图1-44　内嵌式吸顶灯

从灯罩的材质来看，目前市面上的壁灯主要有塑料灯罩壁灯、玻璃灯罩壁灯、纺织品灯罩壁灯、羊皮纸灯罩壁灯和其他灯罩壁灯（如图1-45、图1-46）。

图1-45　壁灯1

图1-46　壁灯2

4.镜前灯

镜前灯是指安装在化妆间、卫生间等地方的镜子上部空间的灯具，主要给镜子前的人提供局部照明，使人能从镜子上看到更加清晰的面容。因此，镜前灯应该选用高显色性的光源，尽可能客观地反映真实的色彩（如图1-47）。

5.筒灯

筒灯是一种嵌入式灯具，一般安装在顶棚上，在家居空间以及公共空间都被广泛使用。在家居空间中，筒灯一般安装在客厅、卧室等地方；在公共空间则广泛应用在专卖店、商场、车站等场所。筒灯节约空间，隐蔽性好，可以将所有光线往下投放，属于直接配光，可以配合不同的反射镜、遮罩来达到不同的光线效果（如图1-48）。

图1-47　镜前灯

图1-48　筒灯

6.地脚灯

地脚灯主要是指安装在离地面200mm左右高度的照明灯具，主要应用在餐厅过道、酒店房间、公共走廊、过渡性空间等场所，主要的作用是为过道提供照明，同时起到良好的灯光装饰作用。地脚灯的主要特点是光线柔和，在照亮过道地面的同时，尽量降低对人眼的刺激，营造温馨的灯光环境。地脚灯的光源一般采用荧光灯或者LED灯带，灯罩一般采用磨砂的半透明材质（如图1-49）。

7.水族灯

水族灯通常是指具有防水功能，且灯管能发出超白光，使水体透明、清晰，水草颜色逼真，同时能促进水草光合作用，促进水草生长发育的专用灯具。有些水族灯的光照如同阳光，适合各种水草及鱼类生长。水族灯的显色指数高，可使鱼类的色彩更加鲜艳夺目，各种鱼类更显生动活泼，为观赏鱼提供极佳效果。水族灯主要用于为水族景观及观赏性鱼类提供最佳的照明。

除了白光的水族灯以外，还有红光水族灯、蓝光水族灯。其中红光水族灯能促进鱼健康成长，鱼经此灯光照射后，颜色鲜艳，鱼体鲜活，水体透明清澈，对红色鱼类效果更佳，特别适用于红色金鱼、七彩神仙、血鹦鹉等鱼种的照明。蓝光水族灯能够使水的颜色为蔚蓝色，如海水一样清澈，对珊瑚、鸭嘴鱼、虾等生物尤为适用，还能促进珊瑚钙质的吸收，合成维生素D_3，使其健康成长，色泽鲜艳（如图1-50）。

图1-49 地脚灯

图1-50 水族灯

8.建筑安全灯

应急灯、紧急指示灯和高空障碍警戒灯是使用得最为广泛的建筑安全灯具（如图1-51～图1-53）。

图1-51 应急灯

图1-52 紧急指示灯

图1-53 高空障碍警戒灯

大型公共建筑是人类社会高度发展的产物，酒店、商场、医院、体育馆、博物馆、车站、机场等大型公共建筑承担着各种各样的社会功能，为人们的社会生活提供了良好的物质基础，同时也是人群密集的场所。这些公共场所一旦发生火灾或者其他紧急事件，常规照明可能会受到停电的影响而失去作用，这样的后果将会非常严重。因此，大型公共建筑都必须安装应急灯、紧急指示灯等设备，协助人们尽快撤离险境，将损失降到最低。

对于高楼、高塔等高空建筑而言，高空障碍警戒灯是必备的安全设施。世界各国都对高空障碍警戒灯有着严格的安装规定。

9.舞台灯具

用于舞台照明、电影和电视照明的灯具称为舞台灯具。舞台灯具按其构造和效率可以分为聚光灯、柔光灯、回光灯、散光灯、脚光灯、光柱灯、造型灯、投景幻灯、电脑灯、追光灯等10种（如图1-54、图1-55）。

图1-54 舞台灯具1

图1-55 舞台灯具2

① 聚光灯：舞台照明上使用最广泛的主要灯种之一，目前市场主要有1kW、2kW两种规格，以2kW使用最广。照射光线集中，光斑轮廓边沿较为清晰，能突出一个局部，也可放大光斑照亮一个区域。作为舞台主要光源，常用于面光、耳光、侧光等光位。

② 柔光灯：光线柔和匀称，既能突出某一部分，又没有生硬的光斑，便于几个灯相衔接，常见的有0.3kW、1kW、2kW等规格。多用于柱光、流动光等近距离光位。

③ 回光灯：一种反射式的灯具，其特点是光质硬、照度高和射程远，是一种既经济、又高效的强光灯，常见的主要有0.5kW、1kW、2kW等规格，以2kW使用最多。

④ 散光灯：光线散漫、匀称、投射面积大，分为天排散光和地排散光，常见的有0.5kW、1kW、1.25kW、2kW等规格，多用于天幕照射，也可用于剧场主席台的普遍照明。

⑤ 脚光灯（又称条灯）：光线柔和，面积广泛。主要向中景、网景布光、布色，也可在台口位置辅助面光照明。

⑥ 造型灯：原理介于追光灯和聚光灯之间，是一种特殊灯具，主要用于人物和景物的造型投射。

⑦ 光柱灯（又称筒灯）：目前使用比较广泛，如PAR46、PAR64等型号。可用于人物和景物各方位照明，也可直接安装于舞台上，暴露于观众，形成灯阵，有舞台装饰和照明双重作用。

⑧ 投景幻灯（又称投影幻灯）及天幕效果灯：可在舞台天幕上形成整体画面及各种特殊效果，如：风、雨、雷、电、水、火、烟、云等。

⑨ 追光灯：舞台灯光的灯具，特点是亮度高、运用透镜成像，可呈现清晰光斑，通过调节焦距，又可改变光斑虚实。有活动光栏，可以方便地改换色彩，灯体可以自由运转等。

⑩ 电脑灯：这是一种由DMX512或RS232或PMX信号控制的智能灯具，其光色、光斑、照度均优于以上常规灯具，是近年发展起来的一种智能灯具，常用于面光、顶光及安装在舞台后台阶等位置，其运行中的色、形、图等均可编制运行程序。由于功率大小不同，在舞台上使用要有所区别。一般小功率电脑灯，只适合舞厅使用。在舞台上小功率电脑灯光线、光斑常被舞台聚光灯、回光灯等淡化掉，所以在选用上要特别留意。

10.特殊功能照明灯具

有些特殊环境对灯具有着特别的使用要求，普通灯具往往不能满足。

专门用于易燃、易爆、潮湿、低温和腐蚀性等特殊环境中的灯具称为特殊功能灯具。常见的品种有：防潮灯具、低温环境灯具、防爆灯具和防腐灯具等等（如图1-56～图1-58）。

图1-56　防潮灯具

图1-57　低温环境灯具

图1-58　防爆灯具

三、室外灯具的种类

由于室外环境与室内环境不同，普通的室内灯具并不能直接用于室外场所。专门用于露天庭院、公园、广场、马路等室外照明的灯具可以统称为室外灯具。室外各种各样的气候条件要求室外灯具务必具有防水、防喷、防滴和防晒等诸多功能。庭院灯、景观灯、水池灯、投光灯、洗墙灯与路灯等户外灯具形成立体的照明模式，在满足照明需求的同时，往往对城市道路、建筑和街区等的夜景，起到非常重要的塑造和烘托作用。

（一）门灯

门灯是安装在庭院和建筑物门上的灯具，主要对进门处进行照明。按安装的位置一般可以分为门顶灯和门壁灯两种（如图1-59）。

1.门顶灯

门顶灯是安装在门柱顶上的灯具，高高的安装位置给人一种非常有气势的感觉。

图1-59　门灯

图 1-60　庭院灯

图 1-61　草坪灯

2.门壁灯

门壁灯是指安装在门边的墙壁上的灯具。门壁灯的造型优美，光线柔和，除了提供照明的功能以外，还能起到很好的装饰作用。

（二）庭院灯

庭院灯主要应用于庭院、公园和建筑物的旁边。庭院灯不仅需为环境提供照明功能，更应具备完美的造型，成为建筑物旁边、庭院空间内的艺术装饰。庭院灯主要由光源、灯杆、法兰盘、基础预埋件等部分组成。庭院灯还能够延长人们的户外活动时间，提高户外活动的安全性（如图1-60）。

（三）草坪灯

草坪灯是用于草坪周边的照明设施，也是重要的景观设施。它以其独特的设计、柔和的灯光为城市绿地景观增添了安全与美丽，且安装方便、装饰性强，可用于公园、花园别墅及步行街、停车场、广场等场所的草坪周边，间距以6～10米为宜（如图1-61）。

（四）道路灯

道路灯是设置在道路上为车辆和行人提供必要能见度的照明设施。道路灯可以改善交通条件，减轻驾驶员疲劳，并有利于提高道路通行能力和保证交通安全。同时，道路灯具的造型应美观大方，富有城市的文化特色，能够成为城市景观的亮点。

1.功能性道路灯具

功能性道路灯具在设计上讲究科学的配光，要求大部分的光能均匀地投射到道路上，两盏自然灯之间不允许留有暗带，光束与光束之间的边缘交接要自然，以免对快速通过的车辆和行人产生不良视觉影响（如图1-62）。

2.装饰性道路灯具

装饰性道路灯具除了满足照明的基础要求外，还着力于为建筑物和广场提供装饰和美化效果。装饰性道路灯具不强调配光，强调造型的美观，注重与城市环境的协调性，是提升城市道路美感的重要手段（如图1-63）。

图1-62　功能性路灯

图1-63　装饰性路灯

（五）水池灯

水池灯需具备非常良好的水密性，以保证长期在水中使用的安全性（如图1-64）。

水池灯的光线经过水的折射，会产生七色的光效，常常结合喷泉、瀑布等布置，可以营造非常迷幻的光影效果。

图1-64　水池灯

（六）地埋灯

地埋灯是指灯体嵌在地下，灯光可以向上方或者斜上方照射的灯具，据其功能可分为装饰地灯和信号地灯两种。地埋灯在外形上有方的也有圆的，广泛用于商场、停车场、绿化带、公园旅游景点、住宅小区、城市雕塑、步行街道、大楼台阶等场所，用来做装饰或指示照明（如图1-65）。

图1-65　地埋灯

图1-66 柱头灯

图1-67 广场照明灯

图1-68 探照灯

（七）柱头灯

柱头灯一般安置在小区、公园或者柱头上，外观美丽，线条简单而优美，款式多种，形式多样，极具欣赏性。它安装简单，维修方便，耗电少（如图1-66）。

（八）广场照明灯

广场照明灯是一种大功率的投射类灯具，通常由多个灯具单体组合而成。每个灯具单体都具有镜面抛光的反光罩，采用高强度气体放电光源或者大功率的LED光源，一般具有可调节的结构，可以根据需要调整灯具的照明角度。广场照明灯的形体高大、光效高、照射面大，适合用于广场、车站、体育馆等大型场所（如图1-67）。

（九）户外投光灯

户外投光灯是指可以将灯光定向投射于目标之上，使被照面上的照度高于周围环境的灯具，又称聚光灯。通常它能够瞄准任何方向，并具备不受气候条件影响的结构，主要用于大面积作业场矿、建筑物轮廓、体育场、立交桥、雕塑、绿化景观、公园和花坛等。投光灯的出射光束角度有宽有窄，变化范围在0°～180°之间，其中光束特别窄的称为探照灯（如图1-68）。

此外，为了方便维护保养，LED投光灯采用背后开启式更换灯泡。照明装饰效果一流，能实现渐变、闪烁、跳变交替以及追逐、扫描等动态效果。

LED投光灯主要用于单体建筑、历史建筑群外墙照明，大楼内光外透照明，广告牌照明等专门设施照明，以及酒吧、舞厅等娱乐场所气氛照明等。

（十）洗墙灯

洗墙灯，顾名思义，就是可以让灯光像水一样洗过墙面的灯具，主要是用来做建筑装饰照明，还有用来勾勒大型建筑的轮廓。由于LED光源洗墙灯有节能、光效高、色彩丰富、寿命长等特点，所以其他光源的洗墙灯逐渐被LED洗墙灯代替。LED洗墙灯的技术参数与LED投光灯大体相似（如图1-69、图1-70）。

图 1-69　洗墙灯 1

图 1-70　洗墙灯 2

第三节
灯具的发展趋势

　　随着现代照明技术的不断进步，新材料、新工艺、新科技的广泛运用，以及人们对各种照明原理及其使用环境的深入研究，突破了以往单纯照明、亮化环境的传统理念，极大地丰富了现代灯具、灯饰对照明环境的表现力与美化手段。

　　现今灯具早已不是停留在功能层次上，也不仅仅是停留在审美的层次上。

　　当今人们需要的是和谐化设计，即在处理人、产品和环境要素的相互关系时，使各个对立因素在动态的发展中求得平衡，并将具有差异性，甚至矛盾性的因素互补融合，建构成一个有机的、协调的整体，最大化地满足人们对于功能和情感的双重需求。

一、功能细化

　　随着社会的发展，人类的活动空间也在不断扩大，生活方式也越来越多元化，对灯具和照明的要求也越来越多样化。这促使了灯具的种类不断增加，以满足在不同环境下的使用需求。例如在家用的普通照明领域，人们的需求也越来越高，不再满足于简单的环境照亮，对不同生活情境有着不同的照明需求。

（一）照明功能

人们早已不再满足于用一盏灯来照亮生活，需要更加具有层次的照明效果。在同一个空间里面，人们也可能会从事不同的活动，除了要安装主光源以满足大多数情况下的基本照明需求以外，还要设置辅助光源，满足不同活动的需求。如客厅在会客的场景下，可能需要打开主光源，而在看电视的时候则更适合使用照度稍低的辅助光源。可见人们对灯具的照明功能有着越来越细化的需求。

（二）装饰功能

提到灯具，人们第一时间想到的就是照明。确实，照明是灯具的基本功能，也是人类发明灯具的初衷。但是，灯具在满足了人们对照明的基本需求以后，灯具的装饰功能就成了人们不懈的追求。灯具与光同在，用光线营造出来的光影效果是如此绚丽多姿，让灯具在装饰功能的表达上拥有无可比拟的优势。

（三）符号功能

普通照明灯具的数量不断增加，有着不同专属功能的灯具不断出现，以满足不断扩展的使用需求。光是最理想的信息载体，从古至今都被用作信息传递的媒介，人们利用灯具传递信号、指示、图形、文字等信息内容。广告投影灯就是一种利用光来传播信息的新型灯具。广告投影灯是一种高时效、时尚的新型产品，能突破人的常规思维投放创意广告，激发人们的好奇心，以达到更好的宣传效果。而且投影广告只需要花费极低的图片成本，节省场地设置、画面制作等方面的巨大花费，大大降低了广告成本。广告投影灯的安装调试简单快捷，户外机防风防雨，无需专人看管，省事省力，是既环保又节能的广告方式。

二、绿色环保

"绿色环保"的概念是当今工业设计发展的主要焦点之一。灯具的设计作

为工业设计中很重要的一个部分，深深地受到这股
"浪潮"的影响。对工业设计而言，绿色设计的核
心是"3R"，即reduce、recycle和reuse，不仅要尽
量减少物质和能源的消耗、减少有害物质的排放，
而且要使产品及零部件能够方便地分类回收并再生
循环或重新利用。

成功的"绿色设计"的产品来自于设计师对环
境问题的高度重视，并在设计和开发过程中运用设
计师和相关组织的经验、知识和创造性结晶。绿色
环保的理念同样在灯具设计中有着重要影响（如
图1-71、图1-72）。

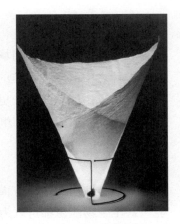

图1-71　环保灯具1

环保灯具大致有以下五种设计主题和发展
趋势：

（一）节能光源

近年来，随着节能照明技术的推广，节能型照
明灯具设计已成为灯具厂商最关注的问题。厂商认
识到，灯具要实现高效节能，首先应采用节能光

图1-72　环保灯具2

源，这是推广高效节能灯具的前提；其次是按照节能光源的尺寸形状，精心设
计灯具的光学系统，提高灯具的有效利用率和装饰效果。

（二）环保材料

尽可能使用天然的材料，甚至以"未经加工"的形式在灯具产品中得到体
现和运用。所谓"未经加工"的材料是指尽可能减少加工环节的材料，以减少
材料在加工过程中的环境危害。

（三）优化加工工艺

简化灯具生产制作的步骤，优化加工工艺，提高生产效率，降低灯具生产
的能耗，减少灯具生产过程中有毒有害物质的排放；减少无用的功能和纯装饰
的样式，创造形象生动的造型，回归经典的简洁。

（四）组合设计

充分挖掘在灯具使用场景中关联度最高的需求，并考虑将其纳入到灯具的整体设计之中。多种用途的产品设计，通过变化可以增加乐趣，避免因厌烦而替换的需求；能够升级、更新，通过尽可能少地使用其他材料来延长寿命；使用"附加智能"或可拆卸组件。

（五）综合能源

在灯具使用的能源方面，已不仅仅局限于传统的市电来源，太阳能、机械能，甚至生物能源都可以为灯具提供能量来源。

太阳能路灯已经被广泛使用，手握即可发光的手电筒也出现在生活中。在未来，人们不会因为传统能源的短缺而不能照亮生活。

三、健康灯具

随着生活水平的提高，健康成为人们最关心的问题。人们对居室生态环境的安全越来越重视，有着清洁、节能、无噪声污染、光线对人体无害特点的健康灯具受到消费者的青睐。灯具厂商根据消费者的需求开发出许多具有健康概念的产品，如"氧吧"节能灯、"护眼灯"、"绿色健康灯"等等。

健康灯具的特征：

① 减少光源的红外光、紫外光成分，减少有害光线对人眼的刺激。

② 具有较高的频率，能够使人的眼睛感觉不到频闪，达到保护视力的作用。健康灯具的供电频率不是白炽灯的50Hz，有些达到5000Hz。

③ 具有更好的工效学设计，合理地控制光源的亮度、光源与被照物体的距离，控制光线的反射，避免眩光的出现，减少对人眼的伤害。

④ 附加健康功能，例如灯具内部增加了负离子发生器，在使用的时候可以净化空气，缓解大脑疲劳。

四、高技术集成化

灯具正在被赋予更高的技术含量以配合人们日益增长的使用需求。有感应能力的灯具已经不是科幻，用手指轻触就可控制灯的开关、光线的强弱，甚至用声音即可控制的灯具已经变成成熟的产品出现在日常生活之中。

随着灯具一体化的开发和应用，以电子镇流器为代表的照明灯具电子化技术迅速发展，各种集成化装置、计算机控制系统在灯具以及照明系统中的应用取得了显著的进步，灯具及照明系统在调光、遥控、控制光色等方面均有了很大的改善（如图1-73、图1-74）。

① 现代灯具的调光手段比以前更先进、更方便灵活。除了在灯具中设置调光装置和开关装置外，还用带集成化的红外接收器或遥控器的调光装置对投光光源进行调光，或者使用计算机进行编程调光。这种调光方式适用于吊顶改造，且现有的调光系统可对十个以下的不同场所同时实行无级调光和延时照明。

② 使用场景选择器与光源、低压照明系统协同工作，把灵活多变的照明设计和多点控制结合起来。这种场景调光器和远距离场景控制器可多路安装、随意组合，适用于会议室、博物馆等场所，方便、灵活、控制效果显著。

③ 利用计算机遥控台和室内电脑照明控制系统，可根据自然照明程度、昼夜时间和用户的要求等因素，自动改变室内装饰照明灯具光源的状态，将整个照明系统的参数设置、改变和监控通过屏幕实现。这种控制方法适用于宾馆、商场等民用设施。

④ 集成化技术正在与现代灯具的发展逐步接轨。各种灯具采用集成化电路后，节能效果显著。如美国一家公司生产的定向照明的聚光灯具，采用集成化电路后，灯具的能耗有较大幅度下降，集成化技术必将成为现代灯具设计趋势。

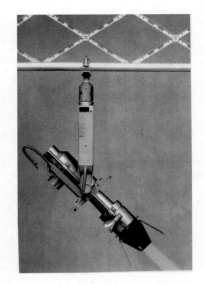

图1-73　高技术灯具1

图1-74　高技术灯具2

五、多功能化

灯具多功能化的诱因是人们需求的多样化，为方便人们生活，多功能灯具应运而生（如图1-75、图1-76）。例如，灯具与计时器的搭配，深夜无须开灯即可看到时间，可以在特定时间打开灯，用柔和的光线来代替声音提醒主人起床等。

图1-75　多功能灯具1

图1-76　多功能灯具2

为了适应现代建筑室内大小多变、功能多变的灵活性要求，尽可能地利用建筑空间，组合型灯具产品也深受欢迎。如适合家庭和办公场所的吊扇灯，采用集照明调光和电扇调速功能于一体的控制系统，既能对光源实行全范围调光，也能对电扇实行多挡调速控制，方便实用。又如适合病房内用的多功能照明装置，既可作为接待看病者的背景光源，又兼有台灯、医疗检查用灯和夜间护士查房用灯等多种功能。

这种功能的结合在新产品开发中经常运用，但是必须满足一定的规则，这两种或者几种功能有着相同的使用情境，不会相互制约，而是和谐共存的。

灯具本身的功能也在不断扩展，各家厂商采用新技术生产新产品，并且设计更多的新款式，让灯具变得更加优雅和有品味。

六、小型化

随着LED光源的发展，加上各种新技术、新工艺不断被采用，镇流器等灯用电气配件得以小型化，现代灯具正在向小型、实用、多功能方向发展。

①LED光源在现代灯具中的应用范围增大，其在体积上的绝对优势促使

灯具的进一步小型化成为可能。最初的LED灯具主要集中在台灯等低功率灯具开发方面，近年随着大功率LED光源技术的成熟，已逐步扩展到各类照明灯具，基本上取代了白炽灯、荧光灯等传统光源，使得灯具的体积更小、照明效率更高。

②LED光源在现代灯具中的应用，使得光源所占据的空间大大缩小，各种小型灯具的设计得以更加精巧合理。

七、艺术化、趣味化

现代灯具不仅在居室内起照明作用，也是营造居室环境氛围的主要组成部分。

利用灯具造型及其光色的协调，能使居室环境具有某种氛围和意境，体现一定的风格和个性，增加建筑艺术的美感，使室内空间更加符合人们心理、生理的需求和审美情趣（如图1-77）。

图1-77 艺术化、趣味化灯具

现代灯具正处于从"亮起来"到"靓起来"的转型中，更强调装饰性和美学效果。现代灯具的设计与制作运用现代科学技术，将古典造型与时代感相结合，体现了现代照明技术的成果。能否在协调整个环境的同时突出自己的特点和装饰效果，是反映现代灯具产品水平高低的重要标志之一。

正如埃托·索特萨斯所言：灯不只是简单的照明，它还讲述一个故事。灯会给予某种意义，为喜剧性的生活舞台提供隐喻和式样。

灯具本身的作用不是仅仅停留在照明上面。设计师可以通过灯具倡导某种有趣的生活方式或者态度，使人们重新发现和体会隐藏在灯具形态下面的更深层的价值和含义。例如很形象地借用一种卡通的人物形象，给人以生动活泼的感觉，系列化明显，简洁明快，富有趣味性。

　　人们对灯具的消费也走向人性化，灯具甚至变成了人们追赶潮流的道具，名家设计的经典灯具变成了收藏品。灯具企业之间的竞争正在变成把握时尚、领导时尚能力的竞争。

第四节
光源的发展现状及趋势

一、传统光源的生产和应用情况

（一）白炽灯的淘汰已成为历史的必然

　　白炽灯是人们熟悉和喜爱的产品，但科技进步淘汰旧产品是不以人们的主观意志而转移的。目前白炽灯正处于被淘汰的进程之中，2007年3月上旬举行的欧盟理事会首脑会议上，欧盟各成员国政府达成了到2020年二氧化碳排放量比1990年降低20%的协议，并一致同意将节约能源、减排废气、保护气候作为未来欧盟社会进步与经济发展的重要战略指标之一，决定两年内在欧盟停止普通照明用白炽灯的生产。我国全面淘汰白炽灯的规划也已启动。逐步淘汰白炽灯的活动目前已遍布五大洲，民用普通白炽灯的市场将逐步萎缩，但白炽灯柔和温暖舒适的特性使其在某些特殊造型、特殊应用或对光照质量要求很高的场合还有存在的价值。此外人们怀旧的情怀也会让白炽灯的应用延续相当长的时间（如图1-78）。

图1-78　白炽灯

（二）荧光灯产品逐步退出照明领域

　　荧光灯自20世纪30年代末发明至今，始终在不断完善和改进之中，其产品琳琅满目，如20世纪80年代初开发的紧凑型荧光灯（CFL）、20世纪80年代后期出现的高频荧光灯、20世纪90年代推出的T5（直径为16mm）细管径荧光灯，以及超细管径荧光灯、陶瓷电极荧光灯（CPFL）、平板荧光灯、无极荧光灯和低汞及无汞荧光灯等等，并且都取得了可喜的进展和成功。但因为荧光灯内含汞，会对环境产生污染和危害，且节能效果一般，所以也正处于逐步地被性能更优异的LED光源替代的阶段（如图1-79、图1-80）。

图 1-79　荧光灯 1

（三）高强度气体放电灯受到LED光源的冲击和替代

　　高强度气体放电灯（HID）的主要品种是高压钠灯及金属卤化物灯，它们常见的功率从70 ～ 1500W。其中陶瓷金卤灯是HID光源发展中引人注目的成果之一。陶瓷金卤灯采用半透明氧化铝陶瓷为电弧管的管壳，保证灯运转温度比石英电弧管的高200 ～ 300K（约1500K），从而使得卤化物蒸发充分，光效更高（约100lm/W）。小功率陶瓷金卤灯的规格有50W、70W、100W、150W。超小功率陶瓷金卤灯有10W、15W、20W、25W、30W、35W等规格，分别用于室内外、汽车、国防等一般照明与特殊用途照明（如图1-81）。

　　目前虽然HID受到LED光源的冲击和替代，但它的生产和应用仍有一定的市场。

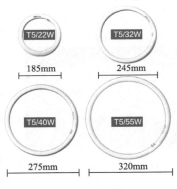

图 1-80　荧光灯 2

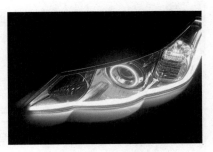

图 1-81　HID 光源

图 1-82　LED 灯泡

图 1-83　LED 灯盘

图 1-84　LED 灯带

二、现代光源的发展情况与趋势

（一）LED光源正逐步取代传统光源

　　LED光源发展很快，它具有体积小、亮度高、抗振动、可调光、维修和更换简便，以及寿命超过50000h等诸多优点，可以说它几乎能满足人类目前对人造光源的所有期望和要求。目前其产品已囊括LED球泡灯、灯带、灯丝球泡灯、日光灯、投光灯、吸顶灯、装饰灯、道路灯、隧道灯、洗墙灯、工矿灯和农业灯等各种规格和用途的产品，而且打破了以前光源和灯具分开的局面，出现了照明器件类的新电子产品。LED光源陆续推动了全球第二次、第三次照明革命，深刻带动了照明产业发展，促使整体照明产业链发生明显变化（如图1-82～图1-85）。

　　随着近年照明市场规模逐渐膨胀，全球LED照明市场渗透率持续攀高。LED光源正逐步取代传统光源，在城市景观照明中LED光源应用率已超过90%。目前，LED引领智能照明时代的到来已成为业界人士的共识，它在当今智能照明、智慧城市、健康照明和农业照明中将起到举足轻重的作用。我国现已成为全球LED光源最主要的生产大国之一，并出现了收购和兼并国际上著名照明企业的成功案例，这是令人可喜的。但是，照明科技正在迅猛发展，我们应该清醒地看到：在今后30年左右，LED可能会遭遇节能灯同样的命运，逐步被OLED取代。

（二）20～30年后OLED会成为照明光源的主导力量

　　LED发展面临着固态光源中OLED（organic

图 1-85　仿古 LED 灯

light emitting diode）近期进展的挑战。国外著名的光源公司都在积极开展OLED的研发。国外企业的这种策略应引起我们的重视、思考和借鉴。我们在发展LED的同时，不能疏忽对更先进光源科技的关注和投入。在谈论LED、OLED光源时，我们还应认识到激光光源的异军突起。OLED和激光光源的发展正紧逼LED光源，我们应提高对它们发展的认识。OLED是有机发光器件，其发光原理与LED基本类似。

OLED具有重量轻、厚度薄、体积小、发热低、光色柔和无眩光、材质柔软可任意弯曲（甚至在其上任意打洞或裁切也无损它的正常发光）、在工作时无需特殊的散热措施、制造工艺相对简便、无需价格昂贵的金属有机化学气相沉淀（MOCVD）设备、制造原材料丰富而又廉价等诸多优点，尤其适用于大面积面光源和调光速度特快的应用场合。目前OLED产品已广泛进入手机、游戏机、数码相机、汽车仪表和电视机等各种显示设备，正逐步进入照明应用市场。

但目前OLED的亮度、使用寿命、发光效率和价格问题还需进一步解决，此后它才能引领照明技术的变革和创新，真正成为照明领域耀眼的明珠。可以预计，在今后20～30年的时间里，OLED会成为照明光源的主导力量（如图1-86、图1-87）。但是，在之后的几十年里，OLED又可能被优势更为明显的激光光源所取代。

图1-86　OLED灯1

图1-87　OLED灯2

（三）21世纪的下半叶人造光源的主角

激光光源（laser light sources）是一种利用激发态粒子在受激辐射作用下

发光的相干光源。其输出波长范围从短波紫外到远红外。激光光源可按其工作物质（也称激活物质）分为固体激光源（包括晶体和钕玻璃）、气体激光源（包括原子、离子、分子、准分子）、液体激光源（包括有机染料、无机液体、螯合物）和半导体激光源4种类型。激光光源是由工作物质、泵激励源和谐振腔3部分组成。工作物质中的粒子（分子、原子或离子）在泵激励源的作用下，被激励到高能级的激发态，造成高能级激发态上的粒子数多于低能级激发态上的粒子数，即形成粒子数反转；粒子从高能级跃迁到低能级时，就产生了光子，如果光子在谐振腔反射镜的作用下，返回到工作物质而诱发出同样性质的跃迁，则产生同频率、同方向、同相位的辐射。如此靠谐振腔的反馈放大循环和往返振荡，辐射不断增强，最终形成强大的激光束输出（如图1-88、图1-89）。

图1-88　激光光源1

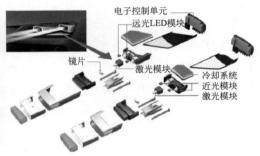

图1-89　激光光源2

该种光源具有以下特点：

① 单色性好，比普通光源的高10倍以上，是一种优良的相干光源。

② 方向性强，激光束的发散立体角很小，为毫弧度量级，比普通光或微波的发散角小2～3个数量级。

③ 光亮度高，激光焦点处的辐射亮度比普通光高10～100倍。它在国民经济的诸多领域中已得到了广泛应用，例如激光加工、同位素分离、核聚变、检测器、全息摄影光源、舞台美术光源、电影放映、景观照明、激光视频唱片、激光传真、激光排版印刷、光学计算机、光纤通信、医疗仪器（手术刀、凝固器）、激光武器等。

激光光源在照明领域正崭露头角，预计它在21世纪的下半叶可能取代OLED光源，成为照明应用领域中人造光源的主角。

总结回顾 　本章介绍了灯具发展历史、灯具的类型、灯具的发展趋势、光源的发展趋势，为灯具设计打下基础，为第二章灯具的方案设计实践的学习做好铺垫。

灯具的发展历程与光源的发展、材料的发展、工艺的发展密切相关，灯具的发展史是人类生活方式发展史的生动见证。灯具的发展促进了人类文明的发展，从灯具中发散出来的不仅是照明之光，也是科技之光、艺术之光，更是人类的文明之光。

课后实践

◉ 选择身边的公共空间、住宅空间各一处进行实地调研，分析灯具在空间中的角色类型和作用。

第二章
灯具的方案设计实践

章前导读

　　灯具产品广泛应用在生活的各个方面，家庭照明、工业照明、交通照明等都会用到灯具，每个领域的设计需求多样，几乎涵盖所有层面的消费者，消费者的需求也多种多样，这给灯具产品的创新设计带来十分丰富的思考角度。立足于各种有针对性需求的灯具差异，存在丰富的创意设计可能。

　　相比较复杂的工业产品，灯具是技术十分成熟的一类产品，其制造技术对于企业来说也已不是问题，影响终端销售的十分重要的因素在于创意设计。随着人力资源成本的提升，依靠低廉劳动力的这条老路已经是行不通的一条死路，我们迫切需要走在产业的前沿，在源头的设计上下工夫，逐步转变一直以来的代工制造现状，这样我国的灯具产业才能从依靠劳动力优势走上依靠创新需求发展的良性发展道路。

学有所获

通过本章的学习，你将会有如下收获：

❶ 掌握灯具设计的概念、内容和原则；

❷ 了解并灵活运用灯具设计的创意手法；

❸ 掌握灯具设计要素；

❹ 了解灯具设计程序，使灯具设计实践更加系统有序。

第一节
灯具设计的概念、内容、原则

一、灯具设计的概念

灯具，是指能透光、分配和改变光源光分布的器具，包括除光源外所有用于固定和保护光源所需的全部零部件，以及与电源连接所必需的线路附件。

灯具设计，不只是对灯源的设计，还包括灯源以外的零部件设计、电气安全设计（光源无污染、电路安全）、照明效果设计、配光设计（满足照明环境及场所的要求）等。

二、灯具设计内容

① 一个好的灯具应该是充分利用光源光线，通过设计有效的控制光线手段，得到照明场所需要的光强分布——光学设计。

② 能保护人和环境，预防触电和引起周围环境的不安全——电气安全设计和热设计。

③ 维持光源的电气连接和正常工作，适合在工作场所中的使用需要和长期工作，方便维护工作——结构设计。

④ 随着科学技术的发展以及生活水平的提高，人们对美的追求越发强烈，外观造型上的美学也变得越来越重要——造型设计。

三、灯具设计原则

（一）美观性原则

灯光照明设计是装饰、美化环境与创造艺术氛围的一种重要手段。为了对空间进行装饰美化、增加空间层次感、渲染出对应的空间氛围，采用装饰照明、使用装饰灯具十分重要。

在现代家居装修、剧场装修、商业场所和娱乐性场所的装修设计中，灯光设计已经成为了空间整体设计不可或缺的一部分，很多时候能起到画龙点睛的作用，并且能体现当前建筑空间的档次和水平。

我们在进行室内灯光设计的时候，要明白，不仅要考虑到灯具照明这一基础功能，还要对其造型、材料、色彩、比例、尺度等参数进行考量，这些都影响到整体的美观性。室内灯光设计师要使用灯光的隐现、抑扬顿挫、强弱变化等有节奏的设置，充分发挥灯光的作用，以制造出柔和幽雅、温馨舒适、金碧辉煌、节奏明快等艺术气氛，为人们的生活环境增添更加丰富的乐趣。

（二）功能性原则

灯光照明设计必须符合功能的要求，这是从有了火把之后，人类对于光源的基本诉求。灯光照明也是照明灯具的主要作用，也是它被发明出来的初衷。无论是在生活中还是工业作业中，都离不开照明灯具的使用。灯具除了照明的作用外，其功能还体现着灯与人之间的关系，人们通过使用灯具的各种功能来感受人与自然、人与社会、人与外界环境的互相协调。灯光营造氛围，影响着人们的情绪。暖色光能给人一种温暖、健康、舒适的感觉，主要用于家庭、宿舍、宾馆、酒店、西餐厅、咖啡厅等休息放松、休闲娱乐的地方。中间色光线柔和，给人一种愉快、舒适、安详的感觉，主要用于商场、专卖店、快餐厅、图书馆等场所。冷色光接近于自然光，有明亮、干净的感觉，让人能够精神集中，用于办公室、医院、工作室等需要集中精神作业的场所。

（三）安全性原则

灯光照明设计要求遵循相关的照明安全规范，要求绝对的安全可靠。由于照明来自电源，必须采取严格的防触电、防断路等安全措施，以避免意外事故的发生。在灯具选择时，一定要清晰地知道，用来悬挂灯具的大梁、拉杆等承重能力是多少。灯具的重量，一定要在承重范围之内，否则后果不堪设想。

（四）经济性原则

灯光照明设计不是以亮度取胜，关键是通过科学设计、合理设计，进行整体规划。灯光照明设计的根本目的是满足人们视觉上、生理上和审美心理上的需要，使照明空间最大限度地体现出实用性价值和美观性价值，并达到使用功能和审美功能的统一。

照明灯具并不一定是要越多越好，重点在于科学性、合理性。很多家庭或者灯光设计师，喜欢用华而不实的灯饰疯狂地"点缀"，而事实上，我们认为这样不仅起不到锦上添花之功效，反倒画蛇添足，造成能源浪费，甚至还会损害身体的健康。

第二节
灯具设计的创意手法

一、仿生设计

仿生设计学是在仿生学和设计学基础上发展起来的一门边缘性学科，以自然界万事万物为原型，是关于深度剖析研究生物和自然界物质存在的形态、结构、色彩、肌理、功能、数理、声音，甚至是情感、趣味等物质与精神特征的设计科学。简单地说，仿生设计就是来自大自然的创意，是模仿生物和自然界物质存在的各种特性或受自然和生物的启发而进行的广义设计。它从仿生学中吸纳大量的养分，将仿生学的原理和研究成果广泛运用在工业、服装、建筑等设计领域。

（一）灯具仿生的设计方法

从仿生设计的抽象程度着手设计，可分为具象、抽象与意象设计方法；从仿生对象的完整性角度着手设计，可分为整体与局部设计方法；从仿生对象的动势着手设计，可分为动态与静态设计方法。

1.具象仿生

具象仿生是对生物体和自然界物质存在的形态特征或属性的仿造和临摹。从具体的视、听、触、味、嗅觉等刺激产生的感觉出发，在人类对客观对象形态的理解和认知基础上，具象仿生是对存在于日常生活、经验、记忆中的客观对象进行模拟。它以形似为目标，通常是采用借用、移植或替代等创造性思维方法进行再现，因此表象特征通常显得还原度很高，具有易识别、易感知的特点。具象仿生既因这些特点符合人们的认知规律，又因形态的高度相似容易被实现，对设计师的设计水平要求不高，受到初学设计的人的青睐，在仿生设计中运用得较多。

具象仿生设计的原则是对客观对象的存在进行的惯性联想、常识的辨认和拟人化处理，并进行典型化的凝练，在设计过程中创造与客观对象相似的形态，从而实现具象仿生的效果。如荷兰 Front Design 设计工作室设计出品的黑兔台灯（如图2-1），将黑兔作为客观对象进行具象仿生设计，拟物化的处理增添了灯具的趣味性，并散发出活泼生动的气息，给人以自然清新的感受。再如日本设计师井上龙夫设计的蒲公英台灯（如图2-2），将无拘无束的蒲公英保存在晶莹剔透的亚克力塑料中，通过底部 OLED 面板释放出柔和、静谧的光芒。这种设计形式体现了蒲公英博爱的特点。

图 2-1 黑兔台灯

图 2-2 蒲公英台灯

2. 抽象仿生

抽象仿生相比于具象仿生要显得更加复杂。抽象仿生是一种特殊的心理活动过程，它超越了感觉、直觉的思维层面，发挥了知觉的整体性、选择性和判断性，向人们展示其形似达到神似的含蓄婉约之美。它是对生物体和自然界物质存在的形态特征或属性的概括和提炼。它是"去粗取精，化繁为简"的一个过程，通常是采用夸张、变形、组合的方法对自然界中的形态进行转换与演绎，以提炼客观对象的内在本质特征来表现产品或仿生理念为目的，其深奥的形式符号使抽象仿生具有简洁性和概括性。其特点更适应产品的生产加工，因此抽象仿生在大批量生产中应用较多，但对设计师的抽象能力要求较高。

抽象仿生设计的原则是通过对生物体和自然界物质存在的形态进行几何化、抽象化和简洁化处理，在设计过程中提炼与仿生对象相关的形态，捕捉仿生对象最突出、最本质的特征进行加工处理，因此抽象仿生设计的产品细节较少，理性色彩较明显。如法国设计师赛尔格·穆伊勒设计的蜘蛛吸顶灯（如

图2-3），简约却不简单。观察被抽象的灯具形态，并不能明确判断其仿生对象，但却能感受到灯具所具有的生命活力，让人产生类比和联想，此时抽象仿生设计的巧妙就悄然显露。再如荷兰设计师理查德·霍顿设计的Moooi蒲公英吊灯（如图2-4），蒲公英的花蕊经过概括与提炼被高度抽象为金属同心圆环，光线通过几何化的圆环投射出来，洒落在家中周围，轻柔而富有野趣。

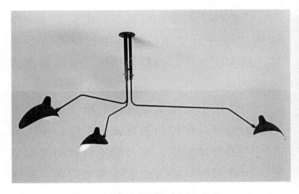

图 2-3　蜘蛛吸顶灯

图 2-4　Moooi 蒲公英吊灯

3.意象仿生

意象仿生是对生物体和自然界物质存在的形态特征或属性进行主观处理，一般不能完全被视、听、触、味、嗅觉等直接感知，往往依赖联想、想象、情感等作用，使人产生一定的生理、心理效应，最终实现与意象形态的互动和共鸣。意象仿生不仅是对仿生对象的物质表象的体现，更重要的是对其精神内核各种特征的主观处理，并植入到产品设计中。整个过程相对复杂，包含理性与非理性的统一、主观意识与客观存在、直觉与判断等多种因素的参与。因此意象仿生对设计师的整体素质要求较高。意象仿生源于仿生对象并高于仿生对象，而被转译出来的特征与仿生对象又有着千丝万缕的联系，因此意象仿生既有具象的形象感，又有意象的象征感。

意象仿生设计的原则是将生物体和自然界物质存在的"形"和"意"，经过转化和提炼，转译成富含文化、社会符号意义的形态，创造具有意象审美价值的仿生设计。如日本设计师田村奈穗设计的Flow灯（如图2-5），

图 2-5　Flow 灯

图 2-6　仿生蘑菇创意小夜灯

图 2-7　桔萌鸟灯

图 2-8　蜗牛灯

灵感源自于城市风貌在湖泊的水面上所形成的倒影，视觉效果真实又虚幻。Flow灯体现了这种意境美，具有深度的人文性、社会性和象征性。

4.整体仿生与局部仿生

根据仿生对象和灯具各自的完整性，整体仿生可分为整体仿生整体和局部仿生整体，局部仿生可分为整体仿生局部和局部仿生局部。

整体仿生整体就是灯具的整体模仿仿生对象的整体，这种仿生方式由于灯具使用仿生对象的整体形象，两者形象有着高度相似性，因此很容易被大众所感知和识别。整体仿生易于被设计师掌握，对设计师的要求不高。如日本设计师Yukio Takano设计的仿生蘑菇创意小夜灯（如图2-6）。小夜灯整体模仿蘑菇的整体形态，形体特征高度相似。小夜灯由多个蘑菇单元组合而成，大小错落，生机盎然。

局部仿生整体就是灯具局部模仿仿生对象的整体，这种仿生方式同样也是采用仿生对象的整体形象，但它不再作为灯具的整体形象，而是作为灯具的某个主体构造。该方式也容易被设计师掌握，但要注意处理好局部与整体的关系，这就需要设计师具有较好的规划和整合能力。如桔萌鸟灯（如图2-7），幼鸟的整体形态被转译为灯具的光源体，幼鸟形态的光源体配合抽象化的鸟笼，清新而自然、贴切而实用，充满童趣。

整体仿生局部是灯具整体模仿仿生对象的局部，这种仿生方式往往为了突出产品性能，选取的仿生对象特征往往也是人们对其印象深刻、最突出的特征，因此整体仿生局部对设计师的分析和提炼能力要求较高。设计师在设计前期不仅要对仿生对象有深入的认识，分析形态特征，同时还要具备较强的形态创造能力，提炼出新的形态，因此不太容易实现。如蜗牛灯（如图2-8），通过概括与提炼蜗牛眼部、触角等头部的形态特征，运用明确的形态语义、圆润化的形态表现，赋予了灯具趣味性和娱乐性。

局部仿生局部就是灯具局部模拟仿生对象的局部，这种仿生方式既因灯具局部仿生而易于实现，又因模拟仿生对象的局部特征而突出，因此广泛运用在各个设计领域。如瑞典设计师Jangir Maddadi设计的蜂群吊灯（如图2-9），蜜蜂的腹部形态被转译为灯具的主体部分，形态简洁，特征突出，其自然材料的运用、精细工艺的追求，表现出强烈的北欧设计风格特征。

5.静态仿生与动态仿生

静态仿生是对仿生对象静止或平衡状态下的仿生。仿生对象在外力的平衡条件下即使处于静止或平衡的状态，其自身也是具有"感知动态"的。就如同处于静止或平衡状态下的直线和带有箭头的直线，从形态语义的角度分析，它们体现的态势是有本质区别的，如果说直线处于平衡状态，那么带有箭头的直线就处于外力平衡条件下的"感知动态"。如德国的设计师Ingo Maurer设计的天使灯（如图2-10），普通白炽灯泡配合两只翅膀，巧妙的构思与设计使灯具显得格外生动自然，妙趣横生，同时体现了以静显动的仿生方式。

动态仿生是对仿生对象运动状态的捕捉与移植，强调的是对象处于不平衡状态所形成的动势，有较强的互动性。按动态在灯具中的演绎内容不同，可分为形态的动态仿生和结构的动态仿生两大类。形态的动态仿生是对仿生对象的形状和神态所形成动态效果

图2-9 蜂群吊灯

图2-10 天使灯

图 2-11　苍鹭台灯

的仿生，主要是为满足灯具形式语言的表达。结构的动态仿生是对仿生对象的各组成部分相互联结为整体的结构仿生，主要是为满足灯具操作的功能需求，常表现在灯具的物理变化上，如灯具形体的弯曲、拉伸、旋转、折叠等物理结构的变化。如日本设计师Isao Honsoe设计的苍鹭台灯（如图2-11），利用灵活的机械结构使得台灯弯曲后的任意造型都具有苍鹭的动势，互动性强。

（二）灯具仿生设计的模仿内容及其应用

1.灯具的形态仿生

"形态"的概念是指事物的形状和神态，也指事物在一定条件下的表现形式。客观上来说形态反映的是生物体和自然界物质存在的状态和过程，是其内在自然属性的外在表现，主要体现在生物体和自然界物质存在的造型因素上，它与结构、色彩、肌理、功能、数理等因素是紧密联系的。在仿生设计中，对其中任何一个要素的仿生本身就具有重要的意义和启示。

灯具的形态仿生的主要研究内容是生物体和自然界物质存在的优质形态特征或原理以及如何将之有效地应用到设计中。

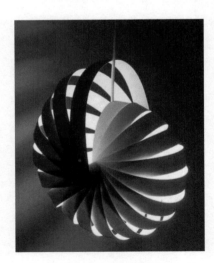

图 2-12　鹦鹉螺吊灯

其主要研究对象是自然界中生物视觉化的外部形态，常运用抽象、简化、夸张和隐喻等手法进行设计，依据视觉习惯和知觉特性让人们产生对自然的联想，从而获得近似自然形态的美感、趣味感、舒适感。如鹦鹉螺吊灯（如图2-12），运用抽象与简化的手法对海洋生物中的鹦鹉螺进行仿生。灯具由多个单元木片组成，环保耐用，美观有韵律。层层嵌套的结构使它具有良好的折叠功能，方便收纳和运输。将光隐藏在"鹦鹉螺"中，光线透过木片之间的缝隙，散发出自然的光线。

2.灯具的结构仿生

灯具的结构仿生主要是研究生物体和自然界物质存在的部分与部分、部分与整体之间的组织与构造的关系。其主要研究植物的茎、叶以及动物形体、肌肉、骨骼的结构关系等。自然界中存在着大量神奇、实用且独特的结构，存在的就是合理的。对这些优良结构的模仿不仅能使灯具形式、使用效率及其本身素质获得大幅度提升，而且还可赋予灯具生命力和美感等，而这实则是再现自然界结构的科学合理性。如一款经典的办公台灯（如图2-13），灯具结构模仿人的四肢关节

图2-13　办公台灯

结构，圆形撑杆演绎骨骼，韧性铅丝演绎肌肉。灵活多变的结构，适合多方位调节，便捷而实用，现代化且美观。

3.灯具的色彩仿生

色彩是指光从物体反射到人的眼睛所引起的一种视觉感受。而视觉是人接受外部信息的主要感觉系统，在与视觉相关的产品要素形、色、质中，色的作用是最主要的，并且给人的视觉刺激性最为强烈。

灯具的色彩仿生主要是研究生物体和自然界物质存在的优异的色彩功能和形式，通过人机系统进行色彩信息交流、反馈等，有选择性地应用于设计中。

灯具的色彩仿生就是模仿生物体和自然界物质存在的色彩属性与形式、色彩性格和情感与客观对象之间的关系与规律，从中提取色彩与客观对象结合的本质属性和生命特征，并应用于设计中，使灯具从内到外散发出自然的视觉美感及体验。如水果台灯（如图2-14），灯具的色彩受水果表面色彩的启发，将日常生活中常见的水果色移植到灯具中。光线透过半透明玻璃灯罩，散发出清新、温和的光线，美丽细腻，仿佛整个房间洋溢着果香，整体色彩给人酣畅、轻松的情感体验。

图2-14　水果台灯

4.灯具的肌理仿生

肌理一般是指物体表面的纹理结构。肌理以触感为主，强调人类行为的操作特性和心理感觉，如金属的坚硬、冰凉、沉重，布的柔软、暖和、轻薄等，它们代表着某种内在功能的需求，具有深层次的表现意义，成功地运用肌理仿生甚至能被人们认为是某种特定的风格样式。

灯具的肌理仿生主要是研究生物体和自然界物质存在的表面质地以及如何将之有效地应用到灯具设计之中。灯具离不开作为载体的各种材料，通过仿生设计创造一种自然材料的组织结构和纹理触感，让人们通过视觉、触觉等知觉获得对自然对象的联想，从而增强灯具设计的功能意义和表现力，营造如临自然之境的感觉。从感知规律上说，灯具肌理仿生完善了仿生对象与自然对象在形式上的接近性，更容易被视觉、触觉等知觉感官所接受。从记忆规律上说，灯具肌理仿生能够准确调动形象及其相关的敏锐度，多方位增加了可视可感的

图2-15　全新触摸式节能灯

记忆含量，从而更容易获得消费者的关注。从情感规律上说，肌理仿生产品使消费者在使用过程中，制造了身体接触自然对象的亲密体验，激发了人们的自然主义情感和购买欲望。如加拿大设计师Omer Arbel设计的全新触摸式节能灯（如图2-15），利用先进技术把高温玻璃转变成抗高温陶瓷纤维，显露出织物的纹理结构，与材料相得益彰，整体效果可视可感，让人耳目一新。

5.灯具的功能仿生

功能一般是指事物或方法发挥的有利作用。事实上，大量的生物确实有着令人称奇的功能系统，如植物通过光合作用和呼吸作用维持自然界中碳与氧的平衡。动物通过进食储备有机物，为自身器官组织供给能量，微生物也参与其中的众多反应，促进或减缓反应的进程，共同维持体内机能的平衡。

灯具的功能仿生主要是研究生物体和自然界物质存在的功能原理以及如何将之有效地应用到灯具设计中，强调客观对象内在性质或原理产生的影响和效果，表现出由内到外的因果关系，并对客观对象具备的有利功能进行发掘，从中得到启示，进而革新灯具功能，促进灯具功能的开发，为设计出自然、便利

和人性化的灯具创造条件，灯具的功能仿生
对灯具设计来说显得更具创新性。如俄罗斯
设计师Constantin Bolimond设计的Bloom吊
灯（如图2-16），仿生自然界中花朵开合的生
物学功能原理，由光学传感器感应花瓣周边
的光线强弱来控制花瓣的开合，随即调节藏
于花瓣中心灯泡的亮度，来控制灯光的明暗，
从而完成照明功能。

图2-16　Bloom吊灯

6.灯具的数理仿生

灯具的数理仿生主要是研究生物和自然界物质存在的数理形式以及如何将
之有效地应用到灯具设计中。数理形式包括几何形体、黄金分割、螺旋线等优
美形式，自然界中存在大量的数理形式，除了人造物外，数理形式还普遍存在
于动植物的各种生长方式以及人体各种比例当中。如自然界中松果和向日葵的
双螺旋线（如图2-17）、毛草的优美曲线（如图2-18）、鹦鹉螺和漩涡的黄金分
割线（如图2-19）等。对数理形式有效地运用是人们长期观察自然的结果，它
充满了神秘感和优美感，借由这些神秘的比例和优美的形式进行仿生设计，不
仅能够增加灯具的感知效果，还能提高灯具设计的形象美感。

图2-17　双螺旋线　　　　图2-18　毛草的优美曲线　　　　图2-19　黄金分割线

二、移植设计

移植设计就是将某个领域里成功的科技原理、发明、创造、方法等应用到
另外一个领域中的创新技法。随着现代社会高速发展，不同领域的跨界交叉、
渗透是社会发展的必然趋势。如果运用得法就会产生突破性的设计成果。

美国发明家逊德巴克发明了拉链,并申请了专利,这成为20世纪最伟大的发明之一。而后来拉链在我们的生活中无处不在:家具、衣服、文具、行李箱……这都属于移植设计。

在产品设计中,我们常用移植法来进行创新性设计。所谓产品设计的移植法,是指沿用已有的设计成果,创造性地移植在新产品的设计中,是一种巧妙的移花接木之术。而移植并非一种简单的复制和模仿,而是要恰到好处地将原有产品的精髓移到新的产品设计当中,其核心目的在于创新。在经过产品设计初期的调研和定位阶段后,我们需要对产品进行展开设计,此时便可将移植法引入产品设计过程当中。在具体展开时,我们可以从产品的形态、结构和功能上分别入手进行移植创新,然而在实际的移植设计过程中这几方面相互影响、互为因果,因而我们不能过分独立地去看待移植设计过程。

(一)灯具形态的移植创新设计

灯具形态的移植创新是最为直接的移植设计方式,我们可以很直观地在新设计中看到移植的痕迹。比如,现在有很大一部分人群喜欢亲近自然或焕发原生态气息的设计,因此有设计师直接把树的形态移植在灯具的设计当中,发光灯源如树叶和果实一样长在树上,生动自然(如图2-20)。

图 2-20　树灯

(二)产品结构的移植创新设计

结构是产品的一个重要组成因素,结构往往又影响到一个产品的外观造型,同时结构是实现产品功能的载体。在产品设计中,将结构进行移植设计,通常是为了使新产品获得更好的形式或功能。例如,Zipper灯以生活拉链为灵感,滑开拉链的同时缓缓点亮灯光,以拉链的方式自由调节所需的亮度,拉链的形变越大代表光源越充足,多变造型与独特控光方式,为用户带来自然有趣的感觉。不仅如此,拿起灯管亦可作为手电使用,底座亦可收纳数据线(如图2-21)。

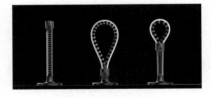

图 2-21　Zipper 灯

（三）产品功能的移植创新设计

功能是产品最为核心的一个要素，好的功能能为用户带来良好的使用体验。这也使得越来越多不同领域的产品在功能上相互借鉴。

比如说，很多人儿时都玩过一种叫做不倒翁的玩具，时至今日，市面上依然在销售这种玩具，只不过较以前的功能更加丰富。现在的不倒翁可以发光发声。如果只把这种功能圈定在玩具当中，便限制了产品设计创新的可能性。我们应当将这种功能移植到其他产品中。于是，不倒翁灯具便应运而生。

水滴灯（如图2-22）由手工吹制玻璃制造而成，是由新西兰设计师MinSeok Eric Kim根据不倒翁原理设计的一款灯具产品。水滴灯，顾名思义是水滴状的台灯。透白的外形，从远望去，宛如一个纯色的水滴，晶莹剔透。跟以往灯具产品加重底部不同，水滴灯的底部是一个填充金属的半球体，如此设计降低了产品的重量；同时灯罩锥形设计使得灯具倾斜的中

图 2-22　水滴灯

心稳定，就像一个可爱的不倒翁一样，无论从哪个角度推拉，灯具都会保持平稳。水滴灯除了拥有不倒翁般的特性外，还主要以简化的设计元素为主，整体的曲线和形状简单大方，使得灯具保留了手工吹制玻璃的原始美。在使用水滴灯时，你既可像玩不倒翁一样推拉灯具，也可以感受它给周围带来的简单舒适的灯光氛围，它巧妙地将娱乐和享受融为一体。

通过上述分析，我们看到移植法通常为不同类别产品之间的移植，这其中包括产品形态、功能、结构要素的移植，也包括这三要素之间的综合移植。在移植的过程中，我们需要分析原有产品最突出的特征，它可能是一个美好的造型，也可能是一个巧妙的结构，还有可能是一个合理的功能。我们还要分析新设计的产品所存在的需求，这需要在前期调研中做足功课，给出新产品的合理定位，从而寻找可以移植的设计元素，为新旧产品或跨界产品搭建桥梁，使我们的产品设计存在无限可能，提升我们产品设计的创新性。

三、模块化设计

20世纪60年代，模块化设计开始蓬勃发展，作为产品设计的一种重要方

法，它为这个世界带来了数不胜数的优秀产品，如现在使用方便的组合桌椅、笔记本电脑，甚至于航天飞机，都是由模块构成的，将复杂产品分解成单元个体再加以组合，从而完成复杂产品的设计制造。

同样，模块化灯具也是由若干个单元模块组合而成。它的优势不仅仅在于使用者亲自动手制作的参与感，重要的是灯具模块化使得灯具不再是刚性的整体，使用者可以随时替换损坏或者不想要的部分，只需替换单元模块，适应了市场的快速更新换代的需求。

模块化设计应以尽可能少的模块组成尽量多的不同规格的产品，以满足市场多样化需求。带磁性的模块化灯具（如图2-23），每种模块化灯具中只有架构是固定不变的，而多个造型模块成为模块化灯具的物质技术条件，不同数量的造型模块可以按照不同的立体几何形态组合成不同的模块化灯具，整体灯具就是由多个造型模块在架构上组合而成，造型模块就成为模块化灯具具有柔性的物质承担者，改变单个造型，模块也不会"牵一发而动全身"。

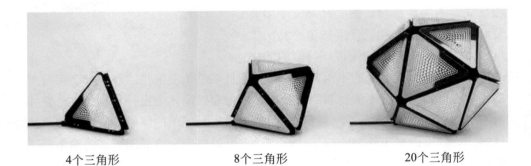

4个三角形　　　　　　8个三角形　　　　　　20个三角形

图2-23　带磁性的模块化灯具

模块化灯具的三大创新点及优势点：

① 造型多变。各个模块进行组合，能组合出各式各样的产品形式。这在追求多样化的当今时代是非常受消费者欢迎的。

② 提升生产效率。模块化灯具只需要对若干个模块进行重复生产，很容易实现批量生产，大大提升生产效率。

③ 降低成本。现有灯具受到材料与造型的约束，在运输或包装过程中很容易受损。而进行模块化设计后，产品可以拆卸成单个模块再平板包装，节省空间，提升运输效率，大大降低成本。

四、情感化设计

情感化设计是旨在抓住用户注意力、诱发情绪反应，以提高执行特定行为的可能性的设计。通俗地讲，就是设计以某种方式去刺激用户，让其有情感上的波动。情感化设计是把人的情感放在设计中的首要位置，产品让用户产生情感波动主要通过两个方面实现。

（一）传统文化与情感化

通常与中国传统文化相关的产品设计都是为了能够很好地体现出传统的文化情感。无论是在外形上对传统文化情感进行表达还是通过意向的方式进行表现，只要对传统文化的理解以及在现代设计中的运用不流于表面而是有更深层次的挖掘与体现都会给人带来特殊的情感体验。设计的满月灯（如图2-24）就可以寄托出用户团圆、圆满的感情需求。

图 2-24　满月灯

（二）交互设计与情感化

交互设计作为一门关注体验类的学科，产品设计是否能够满足用户的使用需求，并且让用户得到满意的情感体验就显得尤为重要。在数字时代的今天，产品设计中的交互方式是把科技的硬实力与情感文化的软实力相互结合。在将高科技移植到产品内部时需要为其包裹更为人性化的外衣，使用户在使用过程中既能体会到科技进步给生活带来的便捷之处，也能通过情感化的引导产生符合用户需求且更有利于用户操作的交互模式，从而也可以给使用者带来更舒适的使用体验和情感体验。因此在未来的交互类产品设计中，交互是一种用来表达情感的形式，用户的情感体验才是最终目的。所以说在设计过程中，通过调动各方面感官来引发用户情感体验的交互设计方式是设计者越来越需要关注的重点。

如图2-25的智能照明系统所示：此智能照明系统安置在床下，当夜间起身时就会自动亮起。这款智能照明系统散发出的暖光，给我们增添了一些温暖。只需要将它安装到床下即可，使用起来非常方便，当坐起来时系统自动点亮，床下再也不是黑暗的，而是一片光亮。它也解决了一些胆小的用户看过恐怖片后总觉得床下有恐怖东西的心理恐惧，可以更安稳地入睡。这种融入了情

图 2-25　智能照明系统

感的交互设计给我们的生活带来了温暖的同时，也更方便了我们的生活。如图2-26的交互灯具，作为比较优秀的产品，此设计选用传统的竹材为材料，在产品的造型上非常简洁，具有禅意的精髓；在交互方面点亮母体竹碗后，用竹瓢在碗中做舀取的动作，灯光就会传到竹瓢内将其点亮，有舀一瓢月光的美好意向，同时也有着薪火传承的深刻意味。

图 2-26　交互灯具

　　不管是传统文化与情感化，还是交互设计与情感化的设计都有了非常多的优秀产品案例。情感化设计是完善产品、提升用户体验的关键，在当今科技发达的时代，只有存在情感化设计的产品才能脱颖而出。

五、逆向设计

　　逆向设计思维概念来源于逆向工程（reverse engineering），是指从常规思维方式的反向进行思考，来进行产品的设计。

　　逆向设计思维与正向设计思维不同的是，从产品已有样件的改进研发开始，而不是常规思维方法中从一个基本设计理念开始。这种逆向思维设计方法更适合对已有产品的改良设计，或者是对常用物品和已有产品的再创新设计。

　　灯具逆向设计思维方法，是首先分析构成灯具的几种基本要素，如造型、结构、材质、功能等，选择其中一种要素进行细致研究分析，并以此要素的特性为基础，反向推导出灯具其他要素的构成和组合方式，最终完成一件灯具设计作品的思维方法。

（一）由造型反推结构、功能、材质

将多种造型样式整理汇总，分析各个造型样式的优缺点、可行性、受众的喜好，确定一种灯具的最优造型样式；然后赋予几何形状以体积，让它可以在三维空间中存在；之后采用逆向思维方式，根据已经确定的三维造型的体量，分析能完成此造型灯具可能的各种内在结构、功能和材质特性，得到汇总图表；再从中选择最

图 2-27　Dancing Squares 灯

优化的结构、功能和材质作为此款灯具产品构成元素，最终完成一款灯具的创意设计。如佐藤大的灯具产品 Dancing Squares 灯（如图 2-27），最初的草图很简单，只是一些线条和几何形状，但由逆向思维倒推出来的最终产品却让人眼前一亮。这款灯不会跳舞，但却叫 Dancing Squares 灯，可能是因为太像酒吧里的彩色旋转灯，点亮这款灯，会在房中找到许多斑驳的影子，让人不由自主地跳舞。

（二）由结构反推造型、功能、材质

结构的特征往往能够决定一款灯具产品的基本造型范围。先确定一种结构，围绕此结构的特征进行数据化分析，之后采用逆向设计思维来分析造型、功能、材质等其他设计要素的可选范围。

例如，"衡"系列台灯，利用磁吸原理作为开关的这种结构，两个球体吸在一起就可以打开灯，发光源在环形木质造型的中间（如图 2-28）。"衡"系列台灯打破

图 2-28　"衡"系列台灯

传统台灯的开启方式，木框里的小木球成为台灯的开关，我们将放置在桌面的小木球往上抬，两个小木球相互吸引时，悬浮在空中，达到平衡状态时，灯光慢慢变亮。创新的交互方式给生活带来一丝乐趣。

（三）由材质反推造型、结构、功能

在灯具设计中选择某一种材质，就是选择了这种材质所具备的触觉和视觉感受，挖掘这一材质的不同性质，采用逆向设计思维，反向推导出此种材质的

灯具可能具备的造型、结构、功能等要素，也将其数据化展示，完成一件灯具产品的创意思路设计。如木质的材质性能特征很多，表面质感温和，颜色和肌理种类多样；木材可整块使用，可做成多层板材，可热压弯曲，可使用木皮，也可榫卯加工成型。选择木质材料其中一种性能之后，在设计过程中把这种性能尽量放大，再反向推导确定出灯具的外观造型、内部结构及功能特点，就会得到独具创意的灯具产品。与此同时，选定了一种材质的一种特性之后，在某种程度上也就限定了其结构、造型、功能和色彩的可选范围。

例如，可发光装置作品light-fragments（如图2-29），不同几何形状的半透明丙烯酸板被浇筑在透明的丙烯酸溶液中，凝固之后，中间的半透明丙烯酸板几何体就会悬浮在透明丙烯酸长方体中间了，光源从侧面黑色金属管中部发出，照亮了内部悬浮的半透明物体，形成了反射光，这算得上是一件环境照明作品。

图2-29　light-fragments

图2-30　水梦（Water Dream）
吊灯花洒

（四）由功能反推造型、结构、材质

功能定位对灯具产品来说是最重要的，如果只有外观没有实用功能，就不能称之为灯具产品。因此，先确定一款灯具产品的功能定位是必要的，可以先罗列可能的功能，确定某种功能之后再采用逆向设计思维，反向推导出能够满足这种功能定位的造型、结构、材质等要素，将所有的要素数据化、图表化地罗列出来，从而设计出具备特定功能特点的灯具产品。例如，水梦（Water Dream）吊灯花洒，先确定此灯具所具备的两种功能——照明和洗浴，然后分析光和水的共同特性——都具有流动性，如何来体现这种流动性，采用逆向设计思维推导，选择花洒这个更为人们所熟知的物件，会让人产生关于流动性的想象。吊灯就是一个花洒，灯罩龙骨用水管做成，灯罩底部布满了类似花洒喷头的小孔，最终的设计不仅可以流出光，还可以流出热水（如图2-30）。

六、图形化设计

产品图形化设计是指对产品进行图形化的视觉装饰和美化效果设计，既能增加产品的外在形态美，又能更好地表达设计师想传达的人文情感。产品设计是一个从二维平面到三维立体转变的过程，灯具设计作为产品设计的一个部分，当然也是一样。下面将从表面装饰、造型、光影效果这三个方面对灯具设计图形的表现形式做出解释，丰富灯具设计形式与内涵。

（一）灯具表面装饰图形化

随着社会的发展，人们对于美学的需求日渐提升。因此现代人在挑选灯具时，在考虑实用性的基础上，会考究灯具的美学特征。而灯具表面装饰图形化就是灯具美学的最直接体现，这就使得现代灯具设计要着重注意灯具表面装饰，同时还要求设计师充分考虑灯具在消费者安装过程中与家庭或者办公等使用场所整体风格、室内环境、装修特色的整体协调性，确保灯具所要传达的情感与意境，帮助消费者提升灯具呈现的美学价值。设计师在灯具表面进行装饰图形化设计的表现形式丰富多彩，不只是将图形元素在灯具表面随意组合排列，而是要将各要素之间协调配置、相互联系，形成造型、色彩、风格等方面的共性特征和内在相互呼应，为灯具的设计以及室内整体环境的提升点缀带来戏剧化色彩，增加消费者欣赏和思考的乐趣，带来美的享受和生活水平、精神层面的提高。

下面以Slamp意大利设计工作室灯具为例（如图2-31）。这组灯具设计新颖十足，奢华而又具有艺术气息，七个图形分别被命名为：迷宫、爱和平的喜悦、死亡、和平的骷髅、法纳艺术、香蕉和非洲。图形的画作，从艺术流派上来讲，属于达达主义。达达主义的主要特征是随兴而做，不受所谓"艺术标准"制约，这就导致对达达画派的作品解读，出现"仁者见仁，智者见智"的局面，完全取决于欣赏者自己对画作的看法，而这种看法往往受到欣赏者自身人生阅历、知识素养、艺术喜好等影响，各不一样。当消费者面对这样一组极具现代艺术美感的灯具，会获得某种情感上的冲击，获得一种强烈的、由内而外的、美的感受。而这种美的感受，往往能唤醒人们心中那些昔日快乐或者痛苦，而今回想起来又别有一番风味的情感、故事。由于使用特殊材质制成，当发出光线时，光线会带着图形装饰的色彩。在光线的映衬下，图形仿佛灵动起来，游走在灯具表面，跳跃在房间的每个角落，直至舞动在人的心里。这样的一组灯具，放置在具有现代艺术装修风格的环境中，可以强烈地吸引人的眼球，撞击人的情感，极大提升整体环境的美感和现代时尚气息。

图2-31　Slamp意大利设计工作室灯具

设计师Sachie muramatsu的系列灯具设计（如图2-32），将装饰图形含蓄地隐藏在了灯罩的内表面，这个灯饰无繁重的设计感，在最简单的灯具造型内加些装饰，像花蕊，起到画龙点睛的作用。一朵盛开的花儿跃然纸上，花在生活中无处不在，娇艳如花，花已然成了美的象征。这个灯饰看起来充满了生命力，为空间环境点亮了它试图藏身于黑夜的优雅与美。

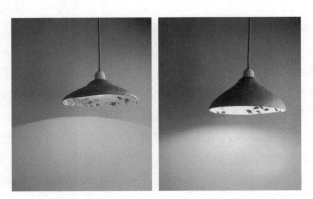

图2-32　Sachie muramatsu的系列灯具

（二）灯具造型图形化

随着LED的发明，这种绿色环保的光源很快取代了传统的照明技术，成为新一代光源的重要来源，不论是在承担照明功能还是各种装饰、指示等辅助功能中，都有着传统光源难以比拟的巨大优势。设计师们不需考虑或较少考虑LED光源的散热、寿命和体积问题，灵活地创作出更多的灯具造型形态，成熟地表现灯具的三维图形效果，给消费者带来丰富的遐想与视觉体验。

这组水母造型的系列灯具（如图2-33）出自美国灯具设计师Roxy Russell，这组水母灯名叫Medusae，灯具材质为聚酯薄膜。Roxy Russell从灯具的外观造型入手，通过灯具的光影效果，使这一系列灯具呈现出了造型各异的水母形态。静谧而纯净的深海，整体空间就是干净而单纯的蓝，一尘不染。在这种纯洁的蓝中，若干只透明的水母灵动而又静谧，这种无色的生命，仿佛激活了整片海洋，让人们真正地感受何为生命。在地中海风格的家居装修空间环境里，将这组灯具悬于空中，形成动态的水母游动效果，再加上纯净的灯光，仿佛幽蓝的海洋世界，令人身临其境，给人带来一场流连忘返的全新体验。灯具本身的造型就是一件完美的艺术品，充分体现了灯具本身造型的图形化趋势。

行星系列灯具（如图2-34）是家居日用独立设计品牌WUU的作品STARGAZER，也是灯具本身造型图形化趋势的典型作品之一。STARGAZER以铝镁合金作为灯罩材质，以不锈钢作为基座材质，通过圆、环、点、线的造型设计出一组行星造型的图形化灯具。这款灯具将天体运行的点、线、面等抽象概念通过洗练的设计语言表达，将抽象的轨迹转化为具象的灯体结构，构成了极具装饰性的灯具主体。同时，在使用中通过光源的反射营造出茫茫宇宙天体运行的动感体验。在STARGAZER行星系列灯具使用时，并非常规灯具通过透射光源获得照明效果，而是通过反光平面均匀地漫射来映照空间，在完成基础发光功效的同时，营造出更加诗意、静谧的氛围。

图2-33　水母灯

图 2-34　行星系列灯具

（三）灯具光影效果图形化

灯具的材质、形态和色彩是人们常见的灯具组成元素，但其实灯具本身的静止状态和使用时呈现出来的光影效果才是灯具的整体，因此我们在现代灯具设计中不能只关注灯具本身材质、形态和色彩等常态设计问题，还要将灯具呈现出的光影效果考虑在内。光影是光源照射在半透明或者非透明状态物体上所形成的，影的形成前提是光，光与影相伴而生。光影的形态会随着光线的强度、色彩以及照明对象的不同发生较大的变化。在照明过程中，光影的相互结合、相互影响带来更加不一样的美感，创造出更加层次丰富、立体多元的氛围。

在灯具设计中，光影的变化对空间产生不同的变化，而空间的变化又对人产生不同的情感变化，因此灯具设计中的光影效果既影响着使用者的情感体验，同时又使灯具本身更具表现力和艺术感。灯具的光影不仅给人视觉上的直观感受，还在不同的呈现效果的过程中，给人情感上的共鸣，直达使用者的内心，通过空间的氛围影响人的情感。灯具的造型、灯罩的材质以及灯具的图形纹样的不同使得灯具所呈现的光影效果，形成不同的图形和状态，因此可以在整个使用空间的角度与人产生交互。人们更容易受到空间环境的影响，接触不同的景物而产生触动，引起情感的联想，产生不同的心理感受。此时，光影效果营造的空间氛围就升华成了人们内心所表达的意境，这种意境使得空间更加

图 2-35　食人花灯具

图 2-36　孔雀灯

具有别样的韵味和艺术性。这就为设计师如何传达设计理念提供了具体参考，因为灯具在使用中产生的空间意境就是灯具本身的展示空间，如图2-35的食人花灯具，光影效果呈现的空间氛围将使用者带入设计师通过艺术品营造的情感化场景，使其与设计师产生真实的情感交流，这不仅充实了灯具设计的内涵，还增强了灯具设计的品味。

孔雀灯（如图2-36）利用灯具本身造型和光的照射呈现绘画效果，将壁灯打造成一件艺术品，为任何空间都能带去独特的气氛，激发人们的情感和想象。这件作品的灵感来源是折纸，折纸的纸张和剪裁全部由灯具本身替代，将先进的金属切割技术融入灯具设计中，使光影呈现出特殊的图案，生动自然。设计师利用金属模仿纸张，将金属制作出纸张的纹理和造型，利用光照代替裁剪。这一类型的灯具都是将灯具的造型和光影图形完美结合，将日常生活中的图像变成一件极具艺术感的灯具。它们除了设计需要而制作出特殊的图形外，外观更加简单美观，而一旦打开开关，呈现出光影效果，便形成了丰富的图形，令消费者产生丰富的联想，效果往往令人惊叹称赞。这一作品不仅体现了现代灯具设计中对新技术的应用和光影效果的图形化趋势，同时在灯具打开的瞬间便与使用者产生了情感互动，既牵动了人们的精神世界，又给人以视觉的享受，达到了灯具与人的完美交互。

满月灯（如图2-24）利用光影和灯具造型呈现出满月效果，利用实木为灯具造型，内设LED灯管，使作品形成了一盏月亮灯的效果。这件作品不管在造型上还是光影呈现上，都具有丰富而深刻的寓意。首先实木是中国常用的传统材料之一，作者以实木为材料可谓别具匠心；而外方内圆的设计也体现着方圆结合的传统处世之道。其次，也将充满着中国文化内涵的传统民族图形元素结合起来，月亮一直以来都是诗人、文学家的宠儿，因为月亮的存在，流芳百世的绝世佳作才得以诞生，为后辈留下了宝贵的文化遗产。中国人对"满月"有着别样的情思，有"月有阴晴圆缺"的人生感叹之情，有"圆月寄相思"的思乡情，同时圆月也代表着"团团圆圆""幸福美满"的情感寄托。对于使用者而言，这一灯具本身就是一件独特艺术品，白天放置室内是一种装饰，夜晚打开灯具便将月亮"带回"房间，大有"举杯邀明月"的豪情，灯具的静态和动态都呈现出了不同的艺术语言，并很好地与人产生情感交互。同时，这件作品在与人互动的时候，还表现出了新的想法与趋势，那就是除了灯具的光影效果给人的视觉和精神感受外，还保留了人对灯具造型丰富的空间。设计者对于满月灯内壁进行创新，添加了孔洞以插入绿植，将随手折下的花枝插在灯具上，寂静的夜晚望月、赏灯、观花，思绪绵长而寓意深远。

七、基于传统元素设计

现代社会，越来越多的国人走出了欧式、美式、日式、韩式风格的审美模式，古色古香的中国元素以及传统民族图形衍生物被越来越多的国人应用在自己的家中，这也给中国传统民族图形对于灯具的设计创造了良好的大环境。

（一）象征性与概括性

1.吉祥美好的寓意象征

象征手法，是通过事物之间的联系，概括性地用最简单的方式将不容易表达阐述的复杂内容简要化。象征手法主要特点表现在想象力丰富，善于用夸张的语言、形式等手段形象地表达出所要阐述的事物，是艺术和设计作品最好的表达手段。在产品文化内涵的设计过程中，象征手法是表达思想最简洁明了的一种方式。因此，将中国传统民族图形引入到灯具设计中，不仅可以用来装饰灯具，同时也带来了传统民族图形本身所拥有的吉祥、美好的寓意，恰好也满足了国人对吉祥美好的向往和喜好。

受吉祥观念的影响，吉祥文字图形在中式灯具设计中的应用非常广泛，表达出东方韵味和美好情感。如图2-37为典型的吉祥纹样——回字纹。除此之外，还有卍（万）字符（如图2-38）、花鸟字等展现喜庆祥和的纹样，较为具有代表性的纹样还有"福禄寿喜"四个吉祥文字图形，"寿"字纹样如图2-39。

在中式灯具设计中，采用较多寓意吉祥的传统民族图形作为装饰，用以烘托和乐美好的氛围。如图2-40所用的装饰图形为吉祥结，此纹样线条流畅，不断重复，没有间断之处，代表了福气绵延不断，美好的事情不断重复出现，寓意吉祥如意。

我国还常用仙鹤、鲤鱼、青松、牡丹花等本身就带有吉祥寓意的自然景物图形作为灯具装饰。如祥云图形的应用，由于祥云象征祥瑞的运气，被人们赋予"吉祥瑞气"的文化内涵，代表着人们对美好事物的祈盼，因此祥云图形一般运用在祥和喜庆的设计中。祥云这一中式壁灯造型中（如图2-41），以满月造型作为灯罩，以金属材质的祥云造型作为装饰，形成了一个简约而不失典雅的灯具设计，祥云与满月相互映照，将空间营造出典雅、温馨和闲适安宁的氛围，表达了设计师和使用者对吉祥安康的精神寄托。同时祥云的多变性特征，也正好适用于圆形造型的灯具上。

"龟鹤延年"落地灯具（如图2-42）形似一只高挑细长的仙鹤，脚踏在一只龙龟之上，仙鹤的颈部和跗跖细长，整体呈现流线型，浑然一体，栩栩如生，仿佛海外仙

图2-37　灯具中的回字纹

图2-38　万字符

图2-39　"寿"字纹样

图2-40　吉祥结

图 2-41　祥云灯具　　　　　　　　图 2-42　"龟鹤延年"落地灯具

境的仙人远道而来，文质彬彬，又不乏仙气十足之感。中国古人给仙鹤赋予了
清高傲骨、贞洁廉正的寓意象征，在民间传说中，仙鹤又象征长寿、吉祥、幸
福，仙鹤与神仙、长生不老联系起来。灯具下部的龙龟，厚重敦实，给人以庄
重典雅之感。龙龟，传说是古代龙的儿子，龟在中国自古与"寿"有着千丝万
缕的联系，被赋予长寿的含义。设计者选用仙鹤和龙龟，来表达"龟鹤延年"
的美好寓意，鹤和龟仰视苍穹，仿佛在迎接某位贵人，使得灯具整体显得雍容
华贵。

　　仙鹤的嘴中衔着一只灯笼；灯具外的罩子上绘制了一整幅芙蓉出水画作，
飘飘而然的巨大植物茎叶，沐浴在清晨的阳光与微风中，不染污泥地自在地左
右飘摇，在层层叠叠的茎叶支架里，悄悄隐藏着美丽高贵纯洁的已经绽放的花
朵；数枝纯洁白皙的花朵层出不穷，其美丽的蓓蕾中藏着精神饱满、跃跃欲出
的花朵，为生命的绽放做着最后的准备，其生动活泼、清新不凡、日益高涨的
热情，让人不得不心驰神往、流连忘返。在朴实中透出秀美，在潇洒中蕴含真
谛，在畅快中饱含韵味，让人拍掌叹服。

　　龙龟的庄重厚实，配合仙鹤的高冷孤傲，然后辅之以荷花的美好寓意。整
个灯具，透露着一种浓重的中国古典贵族气息，龙龟和仙鹤、荷花使得灯具象
征着长寿、高贵、纯洁、典雅，寓意极其丰富。灯的整体采用黑色金属材质，
使得灯具的典雅气息得到升华，又增添了几分厚重感，也容易获得人们的信任
与赏识。灯笼的外部采用鸟笼的形状，用铁链拴着被仙鹤衔在嘴里，这个设计
巧妙而又合理，体现出设计者独运的匠心。

在灯具设计中运用中国传统民族图形作为装饰元素，要尽可能地了解图形背后所代表的寓意，只有清楚传统民族图形的文化内涵，才能有针对性地设计出符合目标用户意愿的中式灯具，设计出一个充满吉祥寓意和美好祝愿的灯具，更加贴合人们对灯具的期许，免于落入肤浅的元素堆砌和传统民族图形的生搬硬套。

2.具象表现与抽象概括相得益彰

通过查阅资料和市场调研发现，市场中带有中国传统特色的灯具设计，有一部分是以极简单的几何图形概括现实形象来呈现，如图2-43的台灯的灯座设计，提取中国传统建筑的飞檐向上翘起的形态，对细枝末节进行大胆的取舍，营造出轻盈灵动的韵味。这些图形乍一看觉得太过简单，但却以抽象概括的形式体现出万事万物淳朴的本真。即使再宏大的景象，也能依靠抽象概括，提炼出饱含美感与深远意境的民族图形（如图2-44），蕴含着人们对美好生活的向往。

图2-45的这款吊灯设计有着独具风格的山峦造型，如水墨画般清雅别致。自然景观是古诗词中最常见的意象，从古至今，文人经常喜欢置身于天然景观中，陶冶情操，道尽了对山水的迷恋。山水是中国传统文化的一部分，犹如一股不绝如缕的清亮溪流，流淌至今，为国人提供优质的精神食粮，更是艺术家不枯不竭的灵感源头。这个灯具的造型，透露着一种朦胧的山水画般质感，线条柔美，温润如玉。这一设计，高度概括了山水意境，表面上看只有简单的几笔，但是其意境却极为深远。用简单的几块材料，设计出了高低起伏的山峰，层峦叠嶂，又极具层次感，绵长优雅，又极富内涵，总是让人好奇，不知山外是否还有山。这个灯具的设计，凝结了中国几千年的山水意境，体现了深厚的设计文化功底和高超的设计技巧。

图 2-43 飞檐

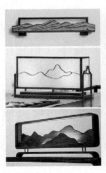
图 2-44 山形概括

图 2-45 山峦造型灯具

图 2-46　"绮风·棠"灯具

再如 Leedarson 品牌的"绮风·棠"灯具（如图 2-46），设计师以中国的海棠花为灵感，采用抽象化的海棠花作为灯头，含义丰富，寓意美好，同时也深得大众喜爱。此外，螺旋造型有规律地分散了灯光，使得射出的灯光更为柔和，光线的整体效果也得到提升。灯臂细长，宛如海棠花枝，颜色采用海棠红艳之色，以盛唐最受欢迎的犀皮漆演绎海棠飘红之美，与灯头遥相呼应，远远看去仿佛真的是一枝动人耀眼的海棠花。此外红色在中国又是喜庆的颜色，给这枝海棠花平添些许喜庆的成分，再加上端庄素朴的白色，营造出浓重典雅而又祥和温暖之感。唯美的海棠花，让人不忍碰触，设计者也充分体会这一点，生怕开灯时过分用力，折断了这枝海棠，所以灯的开关采用触摸式设计，轻轻一碰即可开启、调节，这一设计迎合人们的怜爱之心，映衬着灯具整体的美感。

（二）适形性与完整性

1. 装饰造型与装饰载体的契合

中国传统民族图形在灯具设计中的适形性特征，是指图形的装饰造型适应于灯具既有的外部形态和结构，并与之所想传达的寓意和内涵相符合。由于要适应灯具既有形态，并且中国传统民族图形本身都有其固有的寓意和文化内涵（如图 2-47），因此对传统民族图形的装饰造型具有一定的限制性，装饰造型与装饰载体互相利用、互相制约并达到契合。如图 2-48 的吊灯造型饱满，饰以洁白无瑕的荷花图形，主体花冠居于吊灯最突出的部位，以浮雕刻出荷叶、荷花的大形，以线雕装饰细节，主次分明、井然有序、非常考究，体现出适形性特征，细腻素雅、朴实无华。莲花自古被歌咏为"出淤泥而不

图 2-47　荷花在灯具上的适形性体现

染"，使得其与佛教的关系紧密，从某种程度上说"莲花"就是"佛"的象征。佛教以莲花比喻许多圣洁美好的事物，如"莲台"是佛座的代名词，清净不染的莲花境界指极乐世界等等。因此在灯具设计中，将莲花应用于具有禅意表达的作品中（如图2-49）。禅意台灯造型是一棵盛开的莲花，以金属材质雕出佛陀的造型，使其攀附于莲花茎上作为底座，并以盛开的莲花作为灯具的主要结构部分。一方面莲花图形本身所具有的文化内涵适用于佛系禅意的产品，另一方面盛开的莲花也恰好可以作为灯罩使用，配合洁白而朦胧的光影，将空间营造出一种宁静、圣洁、优雅的氛围，将人带入空灵、纯净的情景中去，令人内心沉静如水。

图 2-48　荷花吊灯

图 2-49　莲花灯

2.局部刻画与整体结构的统一

在中国的传统文化中，国人自古大都认为：一切事物都是发展变化的。一切事物都是因果轮回的。例如佛教"轮回"的因果报应，春夏秋冬的生生不息、循环往复，金木水火土的五行相生相克，天干地支的六十年一甲子，等等，都说明了中国人自古形成整体的观念。而佛教"轮回"中对六道轮回的刻画，春夏秋冬四季的区分，天干地支的分列，五行属性的不同，又分别说明了对局部的刻画。局部刻画与整体结构统一相结合，构成了中国古代先祖所提倡的圆满。在此基础上，灯具设计的圆满完美的整体造型也就应运而生，将装饰归入完整性中，表现出团圆完整、对称的特点，通过完整形象的巧妙组合，构建出和谐统一的整体，给人带来美感和舒适感。海棠花姿潇洒，花开似锦，自古以来是雅俗共赏的名花，素有"花贵妃""花中神仙"之称。而如意纹顾名思义有吉祥如意的含义。如图2-50的灯具以海棠花纹作为整体的设计主线，线条流畅、富贵大方，又合理地利用如意纹的形状，在灯顶加以点缀装饰，实现美观性的同时也兼具了方便提携这一功能。玉器瑞气通灵，代表着对神灵的无限崇拜，在古代玉佩更是显示身份地位的象征物。如图2-51的落地灯采用大小玉佩相结合的表现形式，透露出高雅的君子气质，又采用莲花为灯芯，增添了其出淤泥而不染的纯洁气息，谦谦君子，温润如玉，一个翩翩君子形象渲染而生。

图2-50 如意海棠灯　　　　　　　　图2-51 落地灯

（三）传承性与时代性

1.审美情趣与装饰手法的传承

中华文明有着超过五千年的文化底蕴和历史内涵，而想要将传统文化巧妙融入现代设计却绝非易事，这不仅仅是一个传承的过程，更是一个兼收并蓄的过程。所谓"传承"，传，即流传；承，即一脉相承。随着现代设计的全球化发展趋势，中西方文化产生激烈碰撞交融，在华夏传统文化发展的同时，越来越多的元素被兼收并蓄，形成了新的社会文化体系，但中国传统民族图形却仍未失去自身浓郁的装饰风格特点。新加坡设计师Sakshi Shanker Mathur受到中国古老的民间剪纸艺术的启发，将灯的侧面镂空出叶子和树木斑点的美丽图形，并重现了丛林中树木重叠形成的阴影，给人以视觉上透空的艺术感受（如图2-52）。家居品牌摆设的设计作品"回家"蚕丝手绘吊灯（如图2-53），在众多优秀作品中脱颖而出，成功斩获2015年的中国好设计奖。"回家"吊灯具有独特的分层柔光系统，其手绘在蚕丝上的花鸟图形拥有独特的中国传统民族韵味，成双成对的鸟意味着呼应和谐，有着吉祥的寓意。这盏灯的功能不仅仅是照明，更重要的是装饰，无论什么宴席，家里有一盏这样的灯，便立刻有了温暖的味道。

图2-52　剪纸灯　　　　　　　　　　图2-53　蚕丝手绘吊灯

　　Leedarson品牌的"绮风·荷"设计作品是由细长的灯臂和灯头组成的落地灯（如图2-54），将灯具设计与艺术融为一体。设计师以白莲为原型，将其高度抽象化，设计出一款可以营造出静谧氛围的灯具，因此灯头看起来就像是出淤泥而不染的含苞欲放的莲花一样。中国人自古爱莲，认为莲花具有洁身自好的高尚品德，不与世俗同流合污，因此莲也常被尊为君子。古文中对莲花的高洁论述得最为出色和著名的当属周敦颐所著的《爱莲说》，把各种类型的人与花作比，认为"菊，花之隐逸者也；牡丹，花之富贵者也；莲，花之君子者也"，影响深远。

　　这组灯具中两朵无瑕的莲花，一朵亭亭玉立，即便自己与这苍穹相比再渺小，即便散发的光与这无边的黑暗相比再微弱，也绝不放弃，绝不低下自己的头颅。另一朵则如小女人一般，妩媚又害羞，正如徐志摩诗云："最是那一低头的温柔，像一朵水莲花不胜凉风的娇羞。"她没有照亮天地的大志，心中有的只是对爱人的忠贞，自己的生命全部用来照亮自己心爱的人，即便低下自己本该圣洁孤傲的头颅又有何妨。

　　两盏落地灯点亮后，暖光若荷香清韵，悠悠然满天地，配合着房间古朴典

图 2-54 "绮风·荷"落地灯

图 2-55 刺绣吊灯

图 2-56 竹编灯笼

雅而又清新简约的装修风格，营造出一种超凡脱俗的静谧祥和气氛。在这种气氛下，最使人向往的，不过一本喜欢的书、一杯清茶，抑或一位知己好友，侃侃而谈，直至天亮。它以双头的设计呈现光亮，两个灯头可以实现分开控制，一个照亮整体，另一个重点照亮局部，灯光柔和又不乏穿透力，在极具美感的同时又具有极高的实用价值和文化价值。

无论是气韵生动的花鸟画吊灯、富有生活情趣的民间剪纸灯、独具匠心的中国刺绣吊灯（如图2-55），还是手艺精巧的竹编灯笼（如图2-56）等等，设计师们从现实生活和中国传统文化中不断寻找新的创作灵感，探寻新的材料与工艺技术，既传承了富有极强装饰性的审美情趣与装饰手法，又赋予了中国传统文化元素新的活力；形成了既侧重于人类主观视觉审美感受，又富含幸福、浪漫、吉祥、圆满的新风格。

2.时尚元素与新概念的融入

传承并不等于一成不变，从中国传统民族图形中学习借鉴，也不等于进行一味的简单复制。"取其精华，去其糟粕"，通过改良、创新谋求对中国传统民族图形更好的发展和传承。正如中华文化的博大精深、兼收并蓄，随着现代的时尚元素与新概念融入，中国传统民族图形也将在灯具设计过程中斩获新生，使灯具设计更具民族风格，同样更有时代性，在互联网高速发展的今天，在现代设计全球化发展的趋势中，体现出中华民族文化的良好精神面貌。

灯火落地灯（如图2-57）的造型，仿佛红色火焰，热烈而又充满激情。火焰是大自然对人类的神奇馈赠，火焰最初用来驱逐恐惧，而后人类学会使用火焰取暖、加工食物，因此人类逐渐形成了对火焰的崇拜，人类对火焰的感情是复杂的，是隐藏在骨子里的。这盏灯采用了火焰造型，新颖热辣，火红的颜色，又与传统的中国红色相一致，增添了许多喜庆的意味，给人以强烈的视觉冲击和情感互动。同时，这盏灯借用中国传统中灯烛的意象，进一步抽象出图形并完成设计。灯盏与火，在古代中国，往往有秉烛夜读、繁荣、热烈、欢乐的意象。我们看到的，仿佛是火红的灯盏之下，一个挑灯夜读的少年，怀着炽热的报国理想，刻苦夜读。火红的灯箱，仿照灯笼的形式，赋予产品以热情的意象，也赋予产品传统的感受，契合挑灯夜读的深意，配合中国红的颜色，又

仿佛新婚之夜洞房的彩灯，使人欣喜、高兴、志忑、憧憬。对于灯面设计图形，单位网格内中心有一个完整图形，四周各有四分之一个图形。这一设计，富有现代气息，具有现代设计的艺术美感，完美地体现了传统与现代的有机融合。灯具的整体造型，从战国的铜灯盏形式出发，仿佛古代圣殿上的火盆，配合三维的火焰造型，神圣古朴而又庄重。灯面材质为中国红漆塑料和半透明磨砂玻璃，这样的材质和造型可以使得射出的灯光带着火焰的热辣，又不至于太过刺眼；灯架为细磨砂铝合金，金属的灯架厚重，散发着一种青铜雕塑的古朴质感。

图 2-57　灯火落地灯

乌篷船灯具Unleashed canoe（如图2-58）是一款实用性极强的多功能灯具，受到中国乌篷船的启发，风格古朴又具有强烈现代气息，可应用于各种不同的使用场

图 2-58　乌篷船灯具

景。这款灯采用轻快的乌篷船为原始模型，试图给人们提供自由、放松的感觉。这盏乌篷船形态的灯，灯底座采用船底弧面设计，因此相当稳固；将灯泡置于船篷之中，新颖十足，意料之外又在情理之中。暗黄色的灯光，配合古朴素雅的船身型灯座、船篷型的灯面，仿佛在黑夜之中行驶在水面上的孤舟，给人以光明的方向。船身采用竹子制作，竹子结实耐用，在中国又有着美好的寓意：彰显气节，坚韧挺拔；不惧严寒酷暑，万古长青。灯具整体采用写实仿生的风格，像极了一个船模，同时整体寓意丰富、古朴清新、超凡脱俗、极具诗意。

第三节
灯具设计要素

灯具是由多个要素，如功能、形态、色彩、材料和结构等等，相互之间关联形成的。这些要素既有各自独立的内容与特征，相互之间又有着密切的内在联系，并共同影响着灯具的整体外观。由于灯具设计重在创新，因此，可通过对这些要素的分析，选择其中某些要素作为设计突破点，以寻求灯具创新的可能性。

一、功能

所谓功能性，就是指产品从外部形态上向用户表达的功能内涵以及作用特点。我们在认识一个事物的时候常常是从它的功能开始，这一点从古至今都不曾有改变，具有原始性和继承性。而对于灯具来说，它的功能主要表现在光照功能和装饰功能上。

（一）光照功能

灯具最基本的作用是照明，由于现代科技日新月异，新的灯具层出不穷。但是从古代的生火照明，到现在的电气照明，这些只是纯粹的功能上的提升与革新，而对于灯具设计，我们一定要在保证灯具照明的基本功能前提下进行。

（二）装饰功能

满足光照基本功能以后，灯具通过其独特多变的外形，还成为一种装饰物，它能让生活工作场所有所变化，而又不必兴师动众，在处处精心的装饰装修中，添上充满个性的神来之笔，创造出所期望的情调和氛围。在景观照明、展示照明的环境中，灯具的装饰作用是至关重要的，但是这不仅仅是为了美化环境的需要，更多的是通过光影效果衬托环境或产品的作用，使光在发挥照明功能的同时，具有更多的社会性特征。

灯具作为装饰常常通过两种方式去装饰环境，即灯具本身的造型特点，以及无形的灯光光源对在环境的照明中形成的不同的光影效果，以此来达到装饰环境、装饰产品、渲染氛围的效果。灯具的装饰功能可以主要通过以下几种设计方式得到实现。

1.平面装饰

通过对灯具表面进行图案的描绘，在不对灯具产品的功能结构造成影响的条件下，提升产品的附加值。好的灯饰可以美化空间环境，体现使用者的品味及时代特征。如，灯具表面上加入贴花、图案、卡通动物等元素，符合了不同的人群的心理特征以及使用习惯，并且为环境装饰添加了丰富的元素。

2.结构装饰

通过改变产品的表面与内部结构，既起到了支撑、平衡作用，同时又可以表现出别具一格的设计美感。通过灯具不同的结构特点，形成了不同的灯具造型样式，使灯具的造型趋于多样化形式发展。

3.环境装饰

灯具本身的造型特点和设计风格与环境中的其他物件相互协调，形成一个和谐稳定的空间环境。如室内家装中的一些简约风格，这种室内设计风格也需要搭配相应的灯具造型，以适应、融合、装饰家居环境。

4.光影装饰

通过不同光照、色温等光源条件下的表现，渲染出多种多样的空间氛围以及形成奇特的光影美感，给人以不同的环境感受，从而影响人的心境。

二、形态

产品的形态在很大程度上决定了其风格，是产品设计的决定性因素。灯具的形态设计既遵循一般造型艺术中具有普遍意义的法则，同时也具有与自身功能要求、技术特性相适应的特殊性，并表现出极其丰富的多样性。灯具形态设计追求艺术性与科学性的有机结合，在保证用光的前提下，给人以美的艺术享受。

形式美是指在自然界中存在的一些美的事物，它们给我们呈现出一个五彩缤纷的世界。人们从这些原始美的事物中总结出了许多美的规律，这便是"形式美法则"。它被设计师们广泛应用，作为设计的指导性准则，再次给我们创造着"美"，不断改善着我们的生活环境，提高着我们的生活质量。确切地说，形式美法则包括以下五个方面：对称与均衡、对比与调和、节奏与韵律、反复与渐变、比例与尺度。这些法则是再创造美的标准依据，不同的形式美法则，给人带来不同的视觉体验，使美的事物带有了自身的独特性。

（一）对称与均衡

对称是指中心轴线两边的形态、色彩等因素完全相同，是人类最先掌握的一种平衡规律，也是较为容易实现的一种方法，具有端庄、严肃、稳定、统一的效果。均衡是一种不对称的平衡，视觉中心两边的形态不同，但仍保持相对的稳定，具有生动、活泼变化的效果。对称和均衡是视觉中心保持相对稳定性的两种方法（如图2-59）。

图2-59　对称与均衡

（二）对比与调和

对比，可以形成鲜明的对照，在对比中相辅相成、互相衬托，使图案活泼生动，而又不失完整；使造型主次分明，重点突出，形象生动。但是过分地对比，会产生刺眼、杂乱等感受。调和，是对造型各种对比因素所作的协调处理，使产品造型中的对比因素互相接近或有中间的逐步过渡，从而能给人协调、柔和的美感。

对比与调和是相对而言的，没有调和就没有对比，它们是不可分割的矛盾统，也是取得图案设计统一变化的重要手段。对比与调和是相辅相成的。对比使产品造型生动、个性鲜明，避免平淡无奇；调和则使造型柔和亲切，避免生硬或杂乱（如图2-60）。

图2-60　对比与调和

（三）反复与渐变

反复有单纯反复和变化反复两种形式，单一基本形的重复再现为单纯反复，追求简约美的效果。但是，有时会因为过分的统一，产生枯燥乏味的单调感，因此，在反复中有变化，或者是两个以上基本形的重复出现的变化反复，则能产生韵律美。渐变是相似形象的有序排列，是一种以类似求得形式统一的手法（如图2-61）。

图2-61　反复与渐变

（四）节奏与韵律

节奏和谐的美的形式是人类生来就有的自然倾向。韵律美是一种以具有条理性、重复性和连续性为特征的美的形式。借助韵律，既可加强整体的统一性，又可以求得丰富多彩的变化（如图2-62）。

异形灯具1（如图2-63），在扭曲和变形之中寻找一种平衡，对于层层不变，这无疑是一种打破常规的展现方式，主要以"骨骼"形态为主，线条感的效果更丰富。

异形灯具2（如图2-64），曲线的收放，最体现韵律感。在灯饰的造型之中，虽然没有音乐所表现出的强烈的时间性韵律。但是，当视觉上下移动的时候，还是能感受到这种节奏的变化——有规律和节奏的改变。如灯饰从上到下均匀"荡开"的感觉，就是节奏韵律感。

图2-62　节奏与韵律

图 2-63　异形灯具 1

图 2-64　异形灯具 2

（五）比例与尺度

比例研究的是物体长、宽、高三个方向量度之间关系的问题。和谐的比例可以产生美感。怎样才能获得和谐的比例，人类至今并无统一的看法。构成良好比例的因素是极其复杂的，既有绝对的一面，又有相对的一面，找到一个放在任何地方都适合的、绝对美的比例，事实上是办不到的。和比例相联系的另一个范畴是尺度。尺度所研究的是建筑物的整体或局部给人感觉上的大小印象和其真实大小之间的关系问题。尺度涉及真实大小和尺寸，但不能把尺寸的大小和尺度的概念混为一谈。尺度一般不是指要素真实尺寸的大小，而是指要素给人感觉上的大小印象和其真实大小之间的关系（如图 2-65）。

图 2-65　比例与尺度

三、材料

材料是灯具设计的物质条件，是前提和基础。材料的不同会影响到灯具最终的功能和形态，只有灯具特性与材料性能特点相一致，才能最有效地实现设计的要求与目的。因此，在灯具设计中，材料要与形态设计、功能设计取得良好的匹配。在灯具设计中，材料运用的过程实际就是将不同的材料组合形成丰富形态的过程。

灯具设计的选材非常广泛，包括各种人工合成材料和自然材料，比如合成金属、不锈钢、玻璃、塑料、天然纤维织物、木材、藤材、陶瓷、纸等。不同材料有不同的情感特征，给人以不同的心理感受，而这种感受会直接影响到人们对于灯具形态的最终感受和体验。如金属线材和板材弯曲后具有较强的张力感和轻快感；玻璃的表面平滑、透明，透光性较好，具有很好的通透感、光滑感和轻盈感；木材源于自然，所以人们很容易对它产生亲切感。在灯具设计中，材料的选择应该考虑通过照明能更有力地表现灯具的装饰性。比如采用高分子材料或是布料、纸、玻璃等材料，经光源内部照射表现出朦胧、通透的轻薄质感。如图2-66的灯具就是采用纸质材料设计的，这种灯具体现出一种通透、朦胧的灯光效果。此外，还可以综合运用多种材料，因为各种材质的对比使灯具的造型充满生气，具有丰富的层次感，给人以更多的视觉感受。如图2-67的灯具就是将喷砂玻璃和磨砂玻璃与灯源结合起来，其特点是灯光柔和，视觉感受较好。

图2-66　纸质灯具

图2-67　玻璃灯具

总之，在灯具设计中，材料方面要有突破，不仅可以选用多种材料进行巧妙置换搭配，而且要善于挖掘一些有特点的材料，积极探索新材料运用是非常重要的灯具设计创新方法。

在灯具设计中，材质本身的视觉效果非常重要。材质的视觉效果即材料的质感，现代灯具的材料的应用主要有以下六种：

① 金属以及仿金属等硬质材质的美感。近年来，由于科学技术的发展，金属制品的造型问题得到很好的改进，金属制的灯具比较广泛。金属以及仿金属等硬质材料与灯光的结合给人以刚劲、冷峻、凝重的感觉，体现出现代感和时代感。

② 塑质材质的美感。塑质材料的可塑性比较强，为设计师对灯的外观设计带来方便，而塑质材料的柔和，又给环境添加了温馨的气氛。塑质材质不同于塑料，它经过特殊的加工处理，即使受热也不会轻易变形。

③ 玻璃材质的美感。玻璃分为普通玻璃、喷砂玻璃和磨砂玻璃，由于其制作工艺不同、透明度不同，给人视觉的感受也不同。喷砂玻璃和磨砂玻璃与灯源结合起来，灯光柔和，视觉感受较好，所以经常被使用。

④ 木制品的材质美感。原木多给人质朴、原始、稳重的感觉，尤其是重色的原木更透露出一种古典的美。木制品应用于灯具上多与其他材质配合使用。

⑤ 软质材料的美感。比如纸、藤、树叶、树枝、麻、皮革，这些材料给人以纯粹、原始、粗犷和自然的情调，更加贴近生活，而且造型容易控制，可以塑造很多新颖的形态，为设计师对灯的设计提供了更加广阔的平台。现在市场上比较流行的鸟巢灯（如图2-68）也是如此，这些鸟巢灯有的用树枝，有的用麻，相互缠绕，在鸟巢里面又放入了若干类似鸟蛋的椭圆形白色灯泡，在微黄灯光的衬托下，栩栩如生、惟妙惟肖、让人感叹，使人似乎可以感受到大自然生命的气息，满足人们想要亲近大自然的祈愿。

图2-68　鸟巢灯

羊皮灯的主要特色是光线柔和、色调温馨，装在家里能给人带来温馨的感觉；布艺灯（如图2-69）的灯光柔和而有色泽，神秘且妩媚动人，这种灯备受女性的青睐；藤竹灯伴随着田园风格的发展，走进了很多人的家居生活。这些软质材料的使用使得灯具具有一种自然、令人亲近的气息，因而广受欢迎。

⑥ 材料的综合应用，这是最常用的方法，主要有木头与玻璃、纸、毛线的结合，金属与塑质材料的结合等。如一款以原木和玻璃为主要原材料的灯具，原木被制作成粗细不均、长短不一的原木条，经排列组合后置于圆形玻璃的外围，再配以黑色灯源线，使整盏灯看起来简洁而淳朴。德国灯具设计师Ingo Maurer给普通的玻璃灯泡安上了一双翩翩欲飞的翅膀，在通透的玻璃灯泡上添加轻盈、半透明的纸制的翅膀，再把它们固定在稳重的不锈钢柱子上，这种对比使轻者更轻，重者更重（如图2-70）。

图 2-69　布艺灯

另外，随着人们对个性和环保的追求，许多废弃材料也被设计师利用起来并通过有效的组合形成了完美的造型，如荷兰设计师罗迪·格劳曼设计的经典牛奶瓶灯（如图2-71）就是由荷兰当地回收的牛奶瓶加工、制造，这种牛奶瓶本身就有良好的光感、透明性及质感，再加上光源效果，整盏灯看起来既朴实大方又经济耐用。

四、色彩

材料本身固有的色彩是材质构成的重要视觉要素，它是根据一定的需要按照形式美法则组合而成的，意在突出色彩的和谐效果。但对于灯具设计的色彩而言，由于其作为光源的特殊性，灯光对材料固有色彩的影响是非常明显的，这也是灯具与其他产品设计在材料色彩应用方面的重要区别，因此如何把光源色彩和灯具材料本身的固有色彩结合起来形成最佳的视觉效果，就成为现在灯具色彩设计中的一个重要课题。

现在灯具材料的色彩可谓五彩纷呈，包罗万象，日渐多元化。但整体上灯具原材料的色彩大

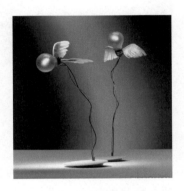

图 2-70　翅膀灯具

图 2-71　牛奶瓶灯具

致可分为两种。一种为自然色，如胡桃木，紫檀木和榉木等原木色，这些木材在工艺上一般采用透明涂饰的方法来保持其天然色彩和纹理，在现在灯具中常和金属玻璃等其他材质搭配使用以便形成色彩的层次感；藤材也是灯具中常见的一种自然材料，由于其柔软，容易编制，通过手工便可塑造各种形体，且经过漂白后色彩纯净、光洁美观、自然简朴而又不失时尚，受到现在许多消费者的青睐。为了满足人们不同层次的需要，越来越多的自然材料被研究并应用于

图 2-72　鸟巢灯具

灯具设计，如贝壳和羽毛等。这些经大自然雕琢的自然色彩，必将给灯具市场带来新的"亮点"。另一种为人工色，人工色顾名思义是经过人们加工的色彩，如五颜六色的纸、金属、玻璃、布艺和其他复合材料等的色彩。但应注意材料本身的固有的颜色应该与光源相协调，应与设计初衷相吻合，只有这样才能保证灯具最终的色彩效果。如之前提到的鸟巢灯具（如图 2-72），本身固有的色彩在光源的照射下，在设计时应引起人们的注意。

五、结构

　　灯具最基本的结构件为光源、灯体、反光器、保护罩、电器、连接件。光源是灯具的核心，即发光的主体，是现代灯具与古代灯具的最大区别。现代灯具大多为电灯，可以选择的光源很多，其显色性和光影效果是选择时的重要标准。灯体是灯具的主体，起到支撑和保护的作用，也是灯具进行设计时的主要阵地，其材料一般为金属、陶瓷、木材等。反光器在灯具中起到重要的作用，它将光源的光线按照需要进行重新的定向分布。保护罩则是负责保护灯具的安全，增加灯具密封防护，同时也可以一定程度上改善光线的分布。灯具的连接件主要是灯杆等的插口，用来安装灯具。电器是灯具光源正常工作的保障。

六、人-机-环境

　　灯具广泛应用于家居、办公、休闲等各种场合，与我们的生活息息相关，对灯具形态的工效因素的研究不仅仅是概念上的研究，更是对灯具实际应用的

深入探讨。然而人们在选购灯具的时候，较少意识到灯具形态的工效问题的重要性，而关注的往往是产品的最基本的功能属性，即照明。此外，灯具产品设计在市场因素的驱动下，设计对于成本、潮流创新因素考虑较多，对工效因素考虑较少。因此，在当代产品开发的大潮中，对灯具人机因素的挖掘和应用显得尤其重要。

　　工效学的目的是建立人与产品之间和谐关系，最大限度地挖掘人的潜能，综合平衡地使用人的机能，保护人体健康，从而提高生产效率。工效在提升产品的价值、优化产品设计方面，具有重大的意义。在市场经济的背景下，设计中考虑工效学因素做"宜人"的设计，是设计师职业素养和社会责任的表现。产品的每一个细节将体现设计师对使用者的人文关怀。灯具的生命周期内的灯具-人-环境的微系统，涉及灯具-人、灯具-环境、人-环境三个子系统。灯具的形、色、态被人的感官感觉，人对灯具实施操控行为，灯具产生相应的反馈，这是灯具-人系统。灯具的形、色、态和环境相互联系和作用，形成灯具-环境系统。例如灯光照射在彩色墙壁上，反射形成新的灯光色。灯具、环境和人相互作用，形成灯具-人-环境系统。整个系统的相互关系如图2-73所示，图中箭头由作用者指向被作用者。

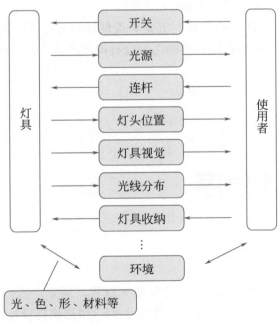

图2-73　灯具-人-环境系统

灯具的设计形态受到使用人群的限制。比如儿童灯具的使用者是儿童，儿童具有喜欢幻想、好奇心强、喜欢动手操作的特点，所以儿童灯具的形态设计应该浅显易懂、故事性强、受限制小。考虑到安全因素，儿童灯具大多是吊灯、壁灯，或者利用电池供电的小灯。灯具造型多变，开关等部件的位置灵活，对工效提出新的要求。儿童灯具形态设计保证儿童能触碰到的部位绝缘、低温。

灯具的设计色彩受到使用人群的限制。例如色彩鲜艳的卡通形态，一般是儿童灯具产品，灰色或者黑色的造型则适合商务人士或者性格稳重人士使用。

灯具的指示性是产品形态体现在用户眼前的时候，不仅仅体现产品的功能性特点，还应该具备指示用户使用产品的功能，可以很直观地让用户了解到产品的使用方法，方便用户的使用。

① 操作：产品在设计过程中，通过示能、意符等设计符号与设计语义，应以尽量直观的方式向用户准确地传递出产品的使用方式。

② 方向：人们常常遵守的方向法则是，从左至右，从上至下。这一法则时时刻刻都存在于我们身边，并且我们时时刻刻都在遵守这一法则。我们在设计灯具的时候应该充分考虑到人们的这些约定俗成的行为习惯，考虑到打破习惯之后会不会对产品的使用体验造成影响。

③ 交互：一个良好的产品一定要具备良好的交互性，如果一个好的产品没有良好的交互，用户在操作过程之中没有得到产品的使用状况反馈，会导致用户使用的疑虑。

第四节
灯具设计程序

一、设计任务的提出

设计，是一种"从无到有"的建造式过程。通常，我们认为设计无处不在，生活本身就是设计的起源地，生活中的一切都来自设计，也都需要设计。我们身边的所有事物都值得被重新思考和再设计，现有的物质世界远没有达到完美状态。但实际上，当我们开始着手设计时，却又发现一切似乎已经"变无可变"，或者"就应该是那样的"。类似的想法常常萦绕在设计师头脑之中，令其无从下手、无处着力。定势思维往往会限制创造性思维的发挥，设计师需要突破定势，拆掉思维里的"墙"，回到事物的原点来重新思考并提出全新的构想和创意，最终找到解决问题的最佳途径。

设计任务的提出一般以设计课题的形式出现，产品的设计课题是设计主体，如企业、设计团队、设计教育部门等，为了某一目标而确定的产品设计计划及研究内容，即产品设计项目或产品设计开发计划。产品设计课题选择的正确与否，直接关系着最终产品的营销状况的好坏。企业的产品设计课题是根据经营方针和发展战略、规划确定的，并且与企业的发展目标、品牌理念及生产条件等密切相关。院校及其他设计培训机构、研究部门的产品设计课题则相对多样，既有与企业的发展策略和方针一致的产品合作开发设计项目，也有从教育、研究的角度进行的，基本上不存在功利性目的的主体性课题，如生态设计、绿色设计等。

企业制定产品设计任务主要是为了在市场竞争中生存与发展。产品作为企业与消费者的联系媒介，是企业价值的体现者。企业必须根据发展战略制定相应的产品设计课题，不断开发出新产品，其主要目的在于：

① 创造新的生活方式。

② 满足消费者的需求。

③ 拓展企业产品线（企业生产产品的品种数目或产品系列数目），获得新的产品订单。

④ 增强企业竞争力，提高市场占有率。

⑤ 提高产品的技术、质量水平，保持技术的先进性。

⑥ 在维持固定顾客的基础上获得新的顾客。

⑦ 增强企业产品识别度，提高品牌知名度。

⑧ 使促销活动更为灵活。

⑨ 使产品开发中的不确定因素及风险降到最低程度。

⑩ 使产品开发中的各类资源得到有效利用。

院校及其他设计培训机构、研究部门的产品设计任务则主要是出于教育与研究的目的，通过设计课题来实际应用或检验某种设计理念、方法。此类课题的设定一般较注重设计本身所传达的理念以及方法的合理性，强调设计的科学性与系统性，其定位超越功利思想，而注重人本思想和伦理价值。此类课题的主要目的在于：

① 创造新生活方式。

② 拓展产品设计应用领域。

③ 传达设计理念。

④ 探索可行的设计方法及理论。

⑤ 加强创新思维的开发与运用。

⑥ 培养设计师的社会责任感与专业素养。

⑦ 推动产品设计教学与学科建设。

本书主要针对高等院校的学生考虑，设计任务往往来自于课程或教师安排，目的在于培养学生设计创意和表达能力以及动手实践能力。

二、设计构思

设计构思是对设计过程中的问题所做出的许多可能的解决方案的思考。设计构思的过程就是把模糊的、不确定的想法和思维明确化和具体化的过程。在这一阶段中要提出设计的初步方案，提出用哪些方法解决产品的哪些要求，提出各种构思方案，即尽可能地使概念、创意和设想最大化，不要过多地考虑限制因素。构思又是一个连续的过程，我们的图像可以令各种信息随时随地参与到思维的过程中去，刺激大脑产生新的想法，这样循环向前的思路是一个统一不可分割的整体。缺乏思维，只单纯锻炼手绘，或只有思维，而表现能力达不到，都不能很好地表达一种想法思路。

作为设计专业的学生应该多加练习，以便提高设计表达能力，而不仅仅是效果图的表现能力。在设计的系统表达效果图上可以看到：

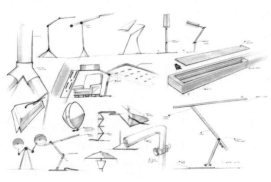

图2-74　灯具设计构思草图

第一，纸上可以表达许多不同的设想，设计者注意力能够轻易地从一个主题跳跃到另外一个主题。

第二，图形观察和表达的方式在方法和尺度上都是多种多样的，在同一页纸上往往既有透视图又有平面图、剖面图、细部图（如图2-74）。

第三，图形思考是探索性的、开敞的。表达构思的草图大都是片段的，显得轻松而随意，为设想和思路保留了尽可能多的可能性，旁观者通过分析草图，也能感觉到被邀请参与设想。

而设计表现效果图大多注重于最终的方案，并不反映设计的方式。要了解设计在不同阶段的进程还得依靠思考性的草图，这些草图记录的不仅是解决涉及问题的结果，更是阐述了探索与解决问题的过程。

三、概念草图

设计快速表现是设计师的一门基本功，也是设计师进行设计交流的重要工具。手绘表现是设计思维的最直接、最自然、最便捷和最经济的表现形式，可以在人的抽象思维和具象表达之间进行实时的交互和反馈，使设计师抓住稍纵即逝的灵感火花，培养设计师对于形态的分析、理解和表达。通过设计快速表现的训练，可以提高设计师的艺术修养和表达技巧。此外，优秀的设计表现图也具有很高的艺术审美价值，在一些高科技展会上，优秀的效果图常常作为展览的一个重要部分展示给参观者。设计大师们精彩传神的设计草图更是经常被印制成书，具有较高的欣赏和学习价值。

在产品设计开发过程中，设计草图具有以下作用。

（一）快速表达构想

现代社会中，由于技术革命带来的经济发展，使得消费者对产品的需求不断增长和变化，继而促使企业尽可能缩短开发设计周期。这就要求设计师在尽可能短的开发时间内，提高工作效率。而掌握相应的技巧，把自己心里所想的创意得心应手地快速、合理、准确表达出来，是一名设计师必备的素质。

（二）推敲方案延伸构想

作为一种创意活动，设计师的构想通过平面视觉效果图的绘制过程不断地加以提高和改进。这一过程不仅锻炼了思维想象能力，而且诱导设计师探索、发展、完善新的形态，获得新的设计构思。

（三）传达真实效果

设计师应用表现技法完整地提供产品的有关功能、造型、色彩、结构、工艺、材料等信息，忠实客观地展现未来产品的实际面貌，从视觉感受上沟通设计者和参与设计开发的技术人员与消费者之间的联系。

设计师需要围绕设计主题表达设计创意、记录设计构思、传递设计意图、交流设计信息，并在此基础上研究和分析设计思路，完成从构想到现实的整个设计过程。在这个过程中，设计师经常采用多种媒介对自己的构想和意图进行详尽的说明和展示，以求得企业和用户的支持。

四、图纸设计

近年来，随着计算机图形学、多媒体技术、虚拟现实技术的发展以及CAD/CAM（计算机辅助设计/计算机辅助制造）应用的深入，现代产品概念设计理论与技术的研究有了长足的进步。计算机辅助概念设计已成为CAD/CAM和CIMS（计算机集成制造系统）领域的一个研究热点。计算机数字模型的建立和计算机辅助制造的导入，使设计工作的程序与方法产生了前所未有的感性倾向。设计师完全可以借助于各种CAID（计算机辅助工业设计）平台去激情地创造和工作，从而无需考虑现实条件的约束。此外，CAID技术与SIMS（多源空间数据无缝集成）系统有机地融合使设计与生产实现了对接，大大缩减了设计与生产之间的时间间隔，极大地提高了设计和生产的效率。

（一）效果图制作

效果图是基本成熟的创意和最终创意的表达方法，能够将产品的形象以真实的感观表现出来，除了充分表达创意的内涵以外，更重要的是从结构、透视、材质、色彩、光泽等诸元素上加强表现力，从而在视觉上达到完美的境界。逼真清晰的效果图将在最终的评价决策中起到关键作用。由于审查项目的人员大多不是设计专业人士，因此效果图的绘制必须逼真准确。

现在常用的效果图制作方法是通过计算机辅助工业设计软件实现的，效果形象逼真，具有很好的渲染力。传统的效果图手绘表现技能和方法有钢笔淡彩法、水彩色块平涂法、剪贴法、喷绘法、高光法、粉画笔法等，无论哪种方法，只要能为设计师所用，并达到设计表现的目的即可。

（二）CAD图纸制作

在产品设计开发过程中，产品的设计、生产、制造、装配、使用和维修等过程都离不开CAD图纸。通常CAD图纸包括三视图、外形尺寸图、零部件图以及装配图等。三视图和外形尺寸图是产品打样阶段必不可少的图纸，打样师傅需要借助它做出精准的实物模型。CAD图纸线条明确、尺寸严谨，也是设计师与结构工程师交流的主要媒介。零部件图以及装配图主要用于后期批量生产，生产部门以此进行生产制作，因此，制图必须按照国家标准进行。

总结回顾

本章讲述了灯具设计的概念、内容、原则，灯具设计的各种创意手法和影响灯具设计的各要素，并针对常见设计情况介绍了灯具设计程序。本章的学习重点是了解并掌握灯具设计的创意方法与设计程序，能快速地把头脑中的想法形成有效的设计构思，并做出草图与效果图、三视图等，保证灯具设计课程能顺利开展。

课后实践

- ① 灯具仿生设计草图练习1张（A4版面）；
- ② 灯具移植设计草图练习1张（A4版面）；
- ③ 灯具模块化设计草图练习1张（A4版面）；
- ④ 灯具情感化交互设计草图练习1张（A4版面）；
- ⑤ 灯具逆向设计草图练习1张（A4版面）；
- ⑥ 灯具图形化设计草图练习1张（A4版面）；
- ⑦ 灯具基于传统元素设计草图练习1张（A4版面）。

第三章

灯具模型的实验室制作筹备

章前导读

对于灯具设计来讲，强调灯具制作环节至关重要，否则灯具设计具有任意性，易流于形式。有的学生，设计图画好了，从图面上看造型优美、色彩调和，但是问他用什么工具、什么工艺来加工其中的部件时，他却无法回答。有的学生，当问他的灯具设计用什么材料时，他会反问你："老师，您觉得用什么材料好做？"如果就图纸论高低，纸上谈兵，就不会发现设计的不足，很难使设计登上更高的台阶。

灯具制作是灯具设计课程的高潮，而灯具模型的实验室制作筹备，是学生了解灯具制作的第一步。通过本章的学习，避免学生不会使用加工工具、错误使用加工工具的现象，保证学生能根据自己的设计构思选择对应的材料，选择合适的加工工具和手段，并且能保证学生在整个制作过程中的人身安全。

学有所获

通过本章的学习，你将会有如下收获：

❶ 接受实验室制作的安全教育，保证学生进行制作时的人身安全；

❷ 了解灯具制作的常用材料，并掌握它们的材料特性；

❸ 了解灯具制作实验室常用机器设备与加工工具，掌握它们的使用规范；

❹ 对自己设计出来的灯具该如何制作有一个初步的认识。

我国南宋诗人陆游的《冬夜读书示子聿》诗中有云："纸上得来终觉浅，绝知此事要躬行。"这为我们指出了一个深刻的道理：要想认识事物的根本或道理的本质，就得用自己亲身的实践去探索发现。

灯具设计是一个实践性很强的过程，从最初的设计构思到最终的实际使用效果之间有着相当大的距离，并不是通过图纸绘画、计算机辅助设计这些手段就能解决的。要使设计的灯具最终达到良好的使用效果，必须通过反复的实物制作和光效调试。可以认为，灯具的实体模型制作是灯具设计方案得以优化的关键环节以及核心手段。在高校的灯具设计专题课程中，也要充分发挥校内实验室对实践教学的支撑作用，提升学生的设计实践能力。此外，我们也要充分认识到实验室与普通教室有着本质的不同，里面可能有着各种各样的原材料和机器设备，稍有不慎可能就会发生安全事故，因此在开展实验室实践教学之前必须做好充分的准备工作。

第一节
实验室安全教育

一、实验室防火安全

① 以防为主，杜绝火灾隐患。了解有关易燃易爆物品知识及消防知识。遵守各种防火规则。

② 在实验室内、过道等处，须经常备有适宜的灭火材料，如消防砂、石棉布、灭火毯及各类灭火器等。消防砂要保持干燥。

③ 电线及电气设备起火时，必须先切断总电源开关，再用二氧化碳灭火器灭熄，并及时通知供电部门。不许用水或泡沫灭火器来扑灭燃烧的电线电器。

④ 人员衣服着火时，立即用毯子之类的物品蒙盖在着火者身上灭火，必要时也可用水扑灭。但不宜慌张跑动，避免使气流流向燃烧的衣服，再使火焰增大。

⑤ 加热试样或实验过程中小范围起火时，应立即用湿石棉布或湿抹布扑

灭明火，拔电源插头，关闭总电闸、煤气阀。易燃液体的固体（多为有机物）着火时，切不可用水去浇。范围较大的火情，应立即用消防砂、泡沫灭火器或干粉灭火器来扑灭。精密仪器起火，应用二氧化碳灭火器。实验室起火，不宜用水扑救。

⑥ 必须了解实验室及建筑物内所有安全出口的位置；开门逃生时须先用手背试探温度，判断火源位置；再依据建筑物内安全疏散标识逃至室外安全地带。

⑦ 火场自救一定要冷静对待，可通过逃生通道、结绳或者向外界求救等措施自救，切不可乘坐电梯、跳楼、贪恋财物。

⑧ 发生火灾时，在确保人身安全的前提下，必须尽快报警。可使用手动报警设备报警，如专用电话、手动报警按钮、消火栓按键等；及时向保卫处汇报情况。

二、实验室配电安全

① 实验室内电气设备及线路设施必须严格按照安全用电规程和设备的要求实施。

② 不许乱接、乱拉电线，墙上电源未经允许，不得拆装、改线。

③ 经常检查电线、插座和插头，一旦发现损坏，要立即更换。

④ 高功率的设备与电路容量要相匹配。

⑤ 电源插座需固定，不使用损坏的电源插座。

⑥ 大型仪器设备需使用独立插座。

⑦ 电气仪器设备须接地良好。

⑧ 不随意拆卸、安装电源线路、插座、插头等。

⑨ 不得用铅线、铜线等替代熔线用作保险丝。

⑩ 不得擅自移动电气设施或随意拆修电气设备。

⑪ 不得私自在原有的线路上增加用电器。

⑫ 不得使用不合格的用电设备。

⑬ 电气设备或电源线路应由专业人员按规定装设，严禁超负荷用电。

三、实验室用电的注意事项

① 认识了解电源总开关，在紧急情况下第一时间关闭总电源。

② 实验前先检查用电设备，再接通电源；实验结束后，先关仪器设备，再关闭电源。

③ 电气设备在未验明无电时，一律认为有电，不能盲目触及。

④ 在进行电气类开放性实验或科研实验时，必须2人以上方可开展实验。

⑤ 在实验室同时使用多种电气设备时，其总用电量和分线用电量均应小于设计容量。

⑥ 使用插座前需了解额定电压和功率，连接在接线板上的用电总负荷不能超过接线板的最大容量。

⑦ 不得将供电线任意放在通道上，以免因绝缘破损造成短路。

⑧ 接线板不能直接放在地面，不能多个接线板串联。

⑨ 不要在一个电源插座上连接过多的电器。

⑩ 禁止在无人看管的情况下使用电熨斗、电吹风、电炉、烘箱等电器。

⑪ 切勿带电拔、接电气线路（220V及以上）。

⑫ 在进行需要带电操作的低电压电路（36V）实验时，尽可能单手操作以保证安全。

⑬ 不用湿手触摸电器，不用湿布擦拭电器。

⑭ 使用电气设备时，应先了解其性能，按操作规程操作。

⑮ 若电气设备发生过热现象或出现焦煳味时，应立即关闭电源。

⑯ 插拔电源插头时不要用力拉拽电线，以防止电线的绝缘层受损造成触电。

⑰ 若突然断电，应关闭电源，尤其要关闭加热电器的电源开关。

⑱ 离开时必须关闭实验室的电源总闸。

⑲ 节约用电。下班前和节假日放假离开实验室前应关闭空调、照明灯具、计算机等用电器。即使在工作日，这些用电器没有必要开启时，也要随时将其关闭。

四、实验操作劳保安全

灯具模型的实验室制作过程，需要使用不同工具和设备对木材、金属、塑料等原材料进行切割、打磨、焊接、喷涂等综合加工，在此过程中会带来噪声、粉尘、有害气体、触电、创伤等安全隐患。为了保障参加模型制作实验师生的健康和人身安全，必须科学合理地使用耳塞、口罩、护目镜、手套等劳动防护用品，俗称劳保用品。

（一）劳保用品的分类

劳保用品对于减少职业危害起着相当重要的作用。主要分为以下类别：

① 头部护具类：安全帽。

② 呼吸护具类：防尘口罩、过滤式防毒面具、自给式空气呼吸器、长管面具等。

③ 眼（面）护具类：焊接眼（面）防护具、防冲击眼（面）护具等。

④ 耳部护具类：发泡无线耳塞、HB-25 护耳罩、滤纸、滤布、噪声阻抗器等。

⑤ 防护服类：阻燃防护服、防酸工作服、防静电工作服等。

⑥ 防护手套类：耐酸碱手套、电工绝缘手套、电焊手套、防X射线手套、石棉手套等。

⑦ 防护鞋类：保护足趾安全鞋、防静电鞋、导电鞋、防刺穿鞋、胶面防砸安全靴、电绝缘鞋、耐酸碱皮鞋、耐酸碱胶靴、耐酸碱塑料模压靴等。

⑧ 防坠落护具类：安全带、安全网等。

（二）实验室常用劳保用品

根据灯具模型制作的特点，一般而言使用得比较多的是呼吸护具、眼（面）护具、耳部护具、防护手套。接下来将对这4类护具做具体的介绍。

1. 呼吸护具

呼吸护具是预防肺尘埃沉着病、鼻炎等职业病的重要护具，能防止缺氧空气和粉尘、有毒气体等有害物质吸入呼吸道。按用途分为防尘、防毒、供氧三类，按作用原理分为过滤式、隔绝式两类。

呼吸护具的类别有：净气式呼吸护具、自吸过滤式防尘口罩、简易防尘口罩、复式防尘口罩、过滤式防毒面具、导管式防毒面具、直接式防毒面具、电动送风呼吸护具、过滤式自救器、隔绝式呼吸护具、供气式呼吸护具、携气式呼吸护具、氧气呼吸器、空气呼吸器、生氧面具、隔绝式自救器、密合型半面罩、密合型全面罩、滤尘器件、生氧罐、滤毒罐、滤毒盒等。

灯具实验室模型制作的过程中主要是防尘以及防有机溶剂气体。防尘方面常用一般的一次性防尘口罩，N90 或者 N95 级别的均可，其中 N95 级别的口罩防护效果更好，普通一次性医用口罩也可以使用（如图3-1）。但是普通防尘口罩并不能有效防御由涂料等挥发的有机气体，需要用到更为专业的防护口罩。

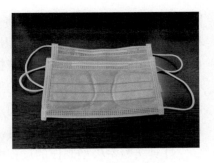

图3-1　一次性医用口罩

2.眼（面）护具

用以保护作业人员的眼睛、面部，防止外来伤害。分为焊接眼（面）防护、炉窑用眼（面）护具、防冲击眼（面）护具、微波防护具、激光防护镜以及防X射线、防化学、防尘等眼（面）护具。眼睑部防护系列产品有：经济型轻质护目镜、聚碳酸酯防雾护目镜、防护眼镜（普通）、防护眼镜（强涂层）、防护眼镜（UV防护）、防护眼镜（强涂层、UV防护）、工业标准防护眼镜等。

在进行材料切削等工作时，务必佩戴全封闭的护目镜，以防止碎屑、粉尘进入眼睛（如图3-2）。

图3-2　护目镜

3.耳部护具

灯具实验室模型制作的过程中，发泡无线耳塞是最便利的噪声防护设备，价格低廉，使用方便（如图3-3）。

图3-3　防噪声耳塞

4.防护手套（如图3-4）

人类的双手是最宝贵和最万能的工具。正因为如此，手部受伤的机会亦较多。根据统计，手部于工作时受到伤害的种类和原因很多，其中大部分手部受伤可以分为下列种类：割伤和刺伤、磨损、烫伤、冻伤、接触化学品、触电、皮肤感染。

选择合适的防护手套是为了保护我们

图3-4　防护手套

的双手，避免在工作时遭受伤害。我们首先要对所从事的工作进行风险评估，尽量消除可能伤害手部的有害因素，如果不能用根本的方法，例如工具的改良、机器护罩和工序的改善，来控制危害，那么我们必须考虑采用合适的防护手套。防护手套为手部所提供的保护功能因防护手套的类型、生产方法和材料而不同。选择合适的防护手套前，首先要评估该手套是否可以有效地预防有关危害，是否适合在该工序中使用。

灯具实验室模型制作的过程中，使用最为频繁的是棉质劳保手套、防刺穿手套。但是并不是所有的工作都必须佩戴手套，相反有些工作是不适合佩戴手套的，必须在操作相关设备前阅读相关要求。如使用砂光机、磨床等设备打磨抛光时必须佩戴手套，以防手部被磨伤；而使用车床、电钻、电锯等设备时，严禁佩戴手套，以防被机器卷入而受伤。因此，必须科学选择使用手套，以保证实验的安全开展。

五、实验室急救规则

（一）烧伤的急救

① 普通轻度烧伤，可用清凉乳剂擦于创伤处，并包扎好；略重的烧伤可视烧伤情况立即送医院处理；遇有休克的伤员应立即通知医院前来抢救、处理。

② 化学烧伤时，应迅速解脱衣服，首先清除残存在皮肤上的化学药品，用水多次冲洗，同时视烧伤情况立即送医院救治或通知医院前来救治。

③ 眼睛受到任何伤害时，应立即请眼科医生诊断。化学灼伤时，应分秒必争，在医生到来前立即用蒸馏水冲洗眼睛，冲洗时须用细水流，而且不能直射眼球。

（二）创伤的急救

小的创伤可用消毒镊子或消毒纱布把伤口清洗干净，并用3.5%的碘酒涂在伤口周围，包起来。若出血较多时，可用压迫法止血，同时处理好伤口，扑上止血消炎粉等药，较紧地包扎起来即可。

较大的创伤或者动、静脉出血，甚至骨折时，应立即用急救绷带在伤口出血部上方扎紧止血，用消毒纱布盖住伤口，立即送医务室或医院救治。但止血时间长时，应注意每隔1～2小时适当放松一次，以免肢体缺血坏死。

（三）中毒的急救

对中毒者的急救主要在于把患者送往医院或在医生到达之前，尽快将患者从中毒物质区域中移出，并尽量弄清致毒物质，以便协助医生排除中毒者体内毒物。如遇中毒者呼吸停止、心脏停搏时，应立即施行人工呼吸、心脏按压，直至医生到达或送到医院。

（四）触电的急救

有人触电时应立即切断电源或设法使触电人脱离电源；患者呼吸停止或心脏停搏时应立即施行人工呼吸或心脏按压。特别注意出现假死现象时，千万不能放弃抢救，应尽快送往医院救治。如果处理得及时和准确，就可能使因触电而呈假死的人获救；反之，必然带来不可弥补的后果。

① 触电者神志清醒，要有专人照顾、观察；出现轻度昏迷或呼吸微弱情况时，可针刺或掐人中、十宣、涌泉等穴位，并送医院救治。

② 触电者无呼吸有心跳时，应立即采用口对口人工呼吸法；触电者有呼吸无心跳时，应立即采用心脏按压法进行抢救。

③ 触电者心跳和呼吸都已停止时，须交替采取人工呼吸和心脏按压法等抢救措施。

第二节
灯具模型制作的常用材料

材料是所有产品设计构思得以转变为实物的基础，脱离了材料的支持，所有的设计构思都将是空中楼阁，可见材料对产品设计有着极为重要的作用。要使灯具设计方案转化为灯具实体模型，同样需要先了解灯具模型制作所用到的材料。

灯具实体能使用的材料是非常丰富的，我们在设计的时候可以本着开放的思维，对所有可能的材料加以设计利用。但是由于篇幅所限，本书仅对灯具模型制作常用的纸、竹、木、金属、塑料（树脂）、玻璃、陶瓷、纺织品以及常用辅助材料等进行介绍。

一、纸质材料

（一）纸质材料的分类

纸质材料是一个非常庞大的族群，总体上可以分为手工纸和机制纸。手工纸，就是以手工方式抄造而成的纸。传统手工纸基本上不使用动力机械。而在现代，凡是采用竹帘或框架滤网等简单工具，以手工操作抄造而得的纸，都可以称为手工纸，不管在其他工序中是否曾使用过动力机械处理。手工纸按用途大体分为：文化用纸（如书画纸）、生产用纸（如纸伞用纸）、生活用纸（如卫生纸）和民俗用纸（如冥纸）等。比较有代表性的手工纸有宣纸、皮纸、绵纸、毛边纸、藤纸、元书纸、竹纸以及书画纸等。这些手工纸的主要特征为：纸质匀细、轻盈柔软、吸水性强，适用于书写毛笔字和绘制中国画。此外，手工纸还用于印刷书籍、拓印碑帖、制作扇面、装裱字画、包裹物品、加工爆竹等。

机制纸一般分为11类：

① 印刷用纸，包括证券用纸、新闻纸、书籍用纸、杂志用纸、粗纸、圣经纸、铜版纸、模造纸、棉纸、仿铜版纸、色纸、影写版用纸等。

② 笔记用纸，包括账簿用纸、杂记用纸、书简用纸、复写纸、描图纸等。

③ 图画用纸，包括水彩画用纸、水粉画纸、素描纸、木炭画纸等。

④ 吸墨纸。

⑤ 板纸，包括黄板纸、茶板纸、白贴板纸、建筑用板纸等。

⑥ 电气绝缘纸，包括绝缘薄纸、绝缘厚纸等。

⑦ 装饰纸，包括封皮用纸、艳纸、花纹纸、壁纸、拉门纸、充皮纸、金属箔粉纸等。

⑧ 包装纸，包括牛皮纸、火柴用纸、磺胺包纸、防锈包纸、中米纸、果物包纸、卷烟纸、硫酸纸、仿硫酸纸、玻璃纸、杂包纸等。

⑨ 滤纸，包括化学分析用滤纸、绝缘油用纸等。

⑩ 特别加工纸，包括炭精纸、砚地纸、誉写版原纸、感光原纸、赛璐珞原纸等。

⑪ 生活用纸，包括厨房用纸、糕点纸、餐巾纸、卫生纸等。

（二）常用于灯具生产制作的纸质材料

无论是手工纸还是机制纸都可以用于灯具的生产制作，一般而言手工纸更具有原生态的特征，适合表达富有历史和文化韵味的灯具光效，而机制纸更加工整规范，适合现代感强的灯具使用。较厚的纸张具有良好的机械强度，可以用于结构件的生产制作。厚度较薄的纸张具有一定的透光性，因此自古以来均被作为灯罩用材。常用于灯具制作的纸张包括瓦楞纸、宣纸、羊皮纸、土纸等。纸张用于灯具制作的形式包括平铺、堆叠、折叠、剪纸、雕刻（纸雕）、彩绘等等。除此之外，还可以将纸张浸泡打散还原成纸浆，利用纸浆制作灯具，产品形态的自由度得以大大提升。

1.宣纸（如图3-5）

宣纸自身的纹路和质地极具艺术美感，即使不进行加工处理也能给人带来自然清新的韵味，所以在现代灯具设计中可以直接运用其自身特性。比如，宣纸的半透明"帘纹"和其表面的自然起毛具有特别的视觉效果。这种自然属性应用于灯具设计中，灯光穿透宣纸照射出来，能够呈现出接近于大自然的色调，让人在视觉上感受到一种柔美之感。还可以在宣纸上作画、印刷，以增强艺术美感。

图3-5 宣纸

2.羊皮纸（如图3-6）

传统羊皮纸是将羊皮经石灰水浸泡，脱去羊毛，再两面刮薄、拉伸、干燥、打磨制得。现代的羊皮纸则主要是由植物制成，把原料抄造成纸页后再送入68%～72%浓硫酸浴槽内处理几分钟，制得一种变性的加工纸。羊皮纸的特征是结构紧密，防油性强，防水，不透气，弹性较好。该纸经过羊皮化，具有高强度及一定的耐折度，是一种半透明的包装纸，供机器零件、仪表、化工药品等包装使用，也可以制作书本或提供书写。羊皮纸可做成半透膜，适合作为灯罩材料。

图3-6 羊皮纸

图3-7 竹纸

图3-8 瓦楞纸

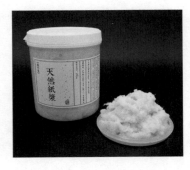

图3-9 纸浆

3.竹纸（如图3-7）

竹纸是以竹子为原材料造的纸。中国南方各省均有出产，其中福建宁化和长汀、四川夹江和浙江富阳都为竹纸的重要产地。传统竹纸虽然是土纸的一个分支，但由于竹子天然的抑菌和长韧性纤维，造出来的纸，既柔软又有韧性，可吸水还不容易破。竹纸以明显优于其他原材料的特性得到市场的肯定。竹纸自然、强韧的特点非常适合于灯具遮光材料的制作。

4.瓦楞纸（如图3-8）

瓦楞纸板是由面纸、里纸、芯纸和加工成波形瓦楞的瓦楞纸黏合而成。根据商品包装的需求，瓦楞纸板可以加工成单面、三层、五层、七层、十一层等。瓦楞纸在生产过程中被压制成瓦楞形状，制成瓦楞纸板以后，它将具有纸板弹性、平压强度，并且影响垂直压缩强度等性能。瓦楞纸，纸面平整，厚薄要一致，不能有皱折、裂口和窟窿等纸病，否则会增加生产过程的断头故障，影响产品质量。彩色瓦楞纸富有肌理美感，适合于灯具的设计制作。

5.纸浆（如图3-9）

纸浆是以植物纤维为原料，经不同加工方法制得的纤维状物质。可根据加工方法分为机械纸浆、化学纸浆和化学机械纸浆；也可根据所用纤维原料分为木浆、竹浆、草浆、麻浆、苇浆、蔗浆、破布浆等；又可根据不同纯度分为精制纸浆、漂白纸浆、未漂白纸浆、高得率纸浆、半化学浆等。在实验室灯具制作的环节，可以将现成的纸张，包括宣纸、竹纸、生活用纸等，通过浸泡、水煮、打散、过滤等方式获得纸浆，用于制作灯罩等部件；也可以直接购买现成的纸浆用于灯具模型制作，缩短材料的准备时间。纸浆用于灯具制作的时候一般可以使用模具辅助成型。

二、竹材

我国是竹子的主要产区之一，对竹子的加工利用历史悠久，竹制品的种类繁多。竹材重量轻、强度高，具有良好的加工性能，是中国灯具主要的传统用材之一。竹材用于制作灯具可以使用圆竹、竹片、竹枝、竹丝、竹篾等多种材料形式。由于比较薄的竹篾具有半透明的特点，所以经常被用于制作灯罩。随着加工工艺的提升，还可以将竹材旋切或者刨切为薄片，具有透光的效果，可用于灯罩的制作，其独特的平行纹理可以起到良好的装饰作用。

（一）圆竹（如图3-10）

圆竹是指呈圆形或者弧形的竹竿、竹鞭、竹枝等原竹，优点是最大程度地保留了竹子的外观特征和宏观结构，缺点是容易受湿度、温度变化等的影响，产生劈裂、霉变。圆竹的劈裂是竹子的生物细胞结构决定的，是一个难以避免的材质缺陷，这一点在大直径的竹材中表现得更加明显。在使用圆竹生产制作灯具的时候务必注意脱糖。脱糖是防止

图3-10　圆竹

圆竹发生虫蛀、霉变的必备步骤。具体方法包括化学脱糖法和物理脱糖法两个途径。化学脱糖法，一般是用碳酸钙等碱性化学物质对圆竹进行浸泡处理；物理脱糖法则直接用清水对圆竹进行较长时间的浸泡，或者用热水甚至是开水对圆竹进行蒸煮，使竹子里面的营养物质逐步清除。

（二）竹编（如图3-11）

竹编使用的材料包括竹篾、竹丝、竹片等，其中竹篾最为普遍。竹篾的种类、规格不一，整体上可以分为带有竹青和不带竹青两种。目前根据市场的需要又可以分为原色、炭化和染色三种。不同种类的竹篾有着不同的加工特性以及材料美感。一般而言，带有竹青的竹

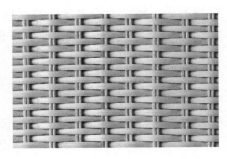

图3-11　竹编

篾都比较厚实，品相较为粗犷，受力能力良好，但由于有一层竹青的存在，难以上色以及深加工，常用于制作农具、渔具等生产竹器。无竹青的竹篾一般较为纤细，柔韧性特别强，适合生产制作精美的日用品以及艺术品。用于灯具生产制作的竹篾一般都是无竹青的，这种竹篾在比较薄的状态之下还有着半透明的效果，非常适合于灯光效果的营造和表达。与常见灯罩材质纸张、塑料、金属、陶瓷、玻璃等相比，竹编在色泽、肌理、形态等方面都拥有独特的材质美。

（三）竹薄片（如图3-12）

图3-12　竹薄片

竹薄片（竹皮、竹刨切片）是用竹片胶合成竹方再通过刨切机加工而成的薄片，厚度一般在0.4～0.6mm，用于贴附在其他材料表面，表现竹子特殊的自然纹理。

这样极大地提高了竹材的利用率，降低了生产成本，也使竹刨切片具备竹子特有的清新、自然的特性。竹刨切片的用途与各种木皮的用途相同，可广泛运用于家具制作、室内墙板装饰和强化地板的表层贴面；也可与无纺布粘贴成复合材料，在保持半透明效果的同时，有较好的抗劈裂性能，适合用于灯罩的生产制作。

（四）竹集成材（如图3-13）

竹集成材又称为竹板材、竹板、楠竹板、毛竹板、竹家具板、竹子板，表面类似于木质板材。竹集成材，板面美观，竹纹清新，色泽自然，竹香怡人，质感高雅气派，具有高度的割裂性、弹性和韧性。按生产工艺可分为本色竹板、炭化竹板和斑马竹板；按竹条结构可分为平压竹板、侧压竹板、工字竹板、纵横竹板、竹单板以及多层板。

图3-13　竹集成材

竹板材秉承"竹可代木，竹可胜木"的绿色产业理念，采用源自天然、4～6年的优质新鲜毛竹为原料制作而成。竹材经高温蒸煮、恒温烘干，脱糖彻底；经高压炭化处理，炭化充分、杀虫灭菌。将竹精铣片科学叠加，用环保胶在高温高压状态下集合成不同规格的板材，既保留了竹材固有的高密度、高强度、高韧性等优异特性，又保持了竹材的天然纹理，清新雅致、美观自然，符合现代人返璞归真、崇尚自然、环保消费的新潮。竹板材环保指标可以达到欧洲E0、E1级标准，是竹制工艺品、竹制家具、竹制灯具等的最佳原料。

三、木材

　　木材的种类丰富、来源广泛、加工便利，也是灯具制作的常用材料。木材主要以木板、木条等形式制作灯具的框架、底座等。传统宫灯是以木材作为主要材质的典型灯具，它的整个框架都是用木条以榫卯结构拼接而成的。现在，借用高精度的木材切割设备，同样可以把木材旋切或者刨切为木皮（单板），具有透光的效果，可用于灯罩的制作，其丰富多变的自然纹理，赋予每件产品独一无二的个性，可以起到良好的装饰作用。

（一）树木的分类

　　树木主要分为针叶树和阔叶树两类。针叶树，如杉木、红松、白松、雪松、马尾松、黄花松等，树叶细长，大部分为常绿树。其树干直而高大，纹理顺直，木质较软，易加工，故又称软木材。其表观密度小，强度较高，胀缩变形小，是建筑工程中的主要用材。阔叶树，如桦、榆、水曲柳等，树叶宽大呈片状，大多数为落叶树。树干通直部分较短，木材较硬，加工比较困难，故又称为硬（杂）木材。其表观密度较大，易胀缩、翘曲、开裂，常用作室内装饰、次要承重构件、胶合板等。

（二）实木材质的分类

　　木材按用途和加工的不同，分为原条、原木、普通锯材等类型。
　　① 原条是指已经去皮、根、树梢的，但尚未按一定尺寸加工的木材。
　　② 原木是由原条按一定尺寸加工成规定直径和长度的木材，又分为直接使用原木和加工用原木。直接使用原木用于木桩、屋架、檩条、椽子、电杆等；加工用原木用于锯制普通锯材、制作胶合板等（如图3-14）。
　　③ 普通锯材是指已经加工锯解成材的木料。凡宽度为厚度2倍或2倍以上的，称为板材；不足2倍的称为方材（如图3-15）。

图 3-14　原木

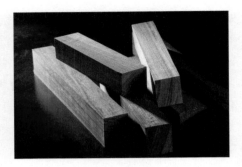
图 3-15　锯材

（三）常用实木介绍

为了准确识别树种，恰如其分地用材，必须充分了解一些常用木材的性能特征。适用于家具、灯具装饰的树种主要有：紫檀、柏木、东北榆、柳桉、黄菠萝、胡桃楸、樟木、椴木、桦木、色木、柚木、木荷、花梨木、山毛榉、红豆杉、水曲柳、樱桃木、红松、柞木、苦楝、香椿、酸枣等。

黄花梨：原产于海南岛，为我国特有珍稀树种。木材有光泽，具辛辣滋味；纹理斜而交错，结构细而匀，耐腐、耐久性强，材质硬重，强度高。

紫檀：原产于亚洲热带地区，如印度、东南亚地区。我国云南、两广等地有少量出产。木材有光泽，具有香气，久露空气后变紫红褐色，纹理交错，结构致密，耐腐、耐久性强，材质硬重细腻。

花榈木（花梨木）：分布于全球热带地区，主要产于东南亚及南美、非洲。我国海南、云南及两广地区已有引种栽培。材色较均匀，由浅黄至暗红褐色，可见深色条纹，有光泽，具轻微或显著清香气，纹理交错，结构细而匀（南美、非洲的略粗），耐磨、耐久性强，强度高，通常浮于水。东南亚产的花梨木中泰国最优，缅甸次之。花梨木材质坚硬，结构中等，不易干燥，切削面光滑，涂饰、胶接性较好。

酸枝木：产于热带、亚热带地区，主要产地为东南亚国家。木材材色不均匀，芯材橙色、浅红褐色至黑褐色，深色条纹明显。木材有光泽，具酸味或酸香味，纹理斜而交错，密度高，含油量大，坚硬耐磨。

鸡翅木：分布于全球亚热带地区，主要产于东南亚和南美，因为有类似"鸡翅"的纹理而得名。纹理交错、不清楚，颜色反差大，木材无香气，生长年轮不明显。

水曲柳：主要产于东北、华北等地，呈黄白色或褐色略黄。年轮明显但不均匀，其树质略硬，纹理直，结构粗，花纹美丽，耐腐、耐水性较好，易加工但不易干燥，韧性大，胶接、油漆、着色性能均好，具有良好的装饰性能，是目前家具、室内装饰用得较多的木材。

杨木：我国北方常用的木材，其质细软、性稳、价廉易得。常作为榆木家具的辅料和大漆家具的胎骨在古家具上使用。这里所说的杨木亦称"小叶杨"，常有缎子般的光泽，故亦称"缎杨"，不是20世纪中才引进的那种苏联杨、大叶杨、胡杨等。

黄菠萝：其木材有光泽，纹理直，结构粗，年轮明显均匀，材质松软，易干燥，不易劈裂，耐腐性好，加工性能良好，是高级家具、胶合板用材。材色花纹均很美观，油漆和胶接性能良好，握钉力中等。

栎木：俗称柞木。其木材密度大，质地坚硬、收缩大、强度高。结构致密，不易锯解，切削面光滑，易开裂、翘曲变形，不易干燥，耐湿、耐磨损，不易胶接，着色性能良好。

樟木：在我国江南各省都有，台湾、福建盛产。依形态分为数种，如红樟、虎皮樟、黄樟、花梨樟、香樟、豆瓣樟、白樟、船板樟等。树径较大，材幅宽，花纹美，尤其是有着浓烈的香味，可使诸虫远避。材质略轻，不易变形，加工容易，切面光滑，有光泽，耐久性能好，胶接性能好，油漆后色泽美丽。

桦木：年轮略明显，纹理直且明显，材质结构细腻而柔和光滑，质地较软或适中，属中档木材。富有弹性，干燥时易开裂翘曲，不耐磨。加工性能好，切面光滑，油漆和胶接性能好。常用于雕花部件，现在较少用。易分特征是多"水线"（黑线）。多产于东北、华北，木质细腻、淡白微黄，纤维抗剪力差，易"齐茬断"。其根部及节结处多花纹。其木多汁，成材后多变形。

杉木：其材质轻软，易干燥，收缩小，不翘裂，耐久性能好，易加工，切面较粗，强度中强，易劈裂，胶接性能好，是南方各省家具、装修用得最为普遍的中档木材。

榆木：花纹美丽，结构粗，加工、涂饰、胶接性好，干燥性差，易开裂翘曲。

榉木：重、坚固，抗冲击，蒸汽下易于弯曲，可以制作造型，握钉性能好，但是易于开裂。为江南特有的木材，纹理清楚，木材质地均匀，色调柔和、流畅。比多数硬木都重，在窑炉干燥和加工时易出现裂纹。

胡核木（核桃木）：分国产核桃木和北美核桃木。山西吕梁、太行二山盛产核桃，故核桃木为山西做家具的上乘用材。其木质特点为有细密似针尖状棕眼并有浅黄细丝般的年轮。该木经水磨烫蜡后，会有硬木般的光泽，其质细腻无瑕，易于雕刻，色泽灰淡柔和。核桃木制品明清都有，大都为上乘之作。

楸木：民间称不结果的核桃木为楸，楸木棕眼排列平淡无华，色暗、质松软、缺少光泽，但其收缩性小，可做门芯、桌面芯等用，常与高丽木、核桃木搭配使用。楸木比核桃木重量轻，棕眼大而分散。

楠木：是一种高档木材，其色为浅橙黄略灰，纹理淡雅文静，质地温润柔和，无收缩性，遇雨有阵阵幽香。南方诸省均有出产，其中四川产为最好。明代宫廷曾大量伐用。现北京故宫及京城上乘古建多为楠木构筑。楠木不腐不蛀有幽香，皇家藏书楼、金漆宝座、室内装修等多为楠木制作，如文渊阁、太和殿、乐寿堂、长陵等重要建筑都有楠木装修及家具，并常与紫檀配合使用。

枫木：分软枫和硬枫两种，属温带木材，我国主产于长江流域以南直至台湾，国外产于美国东部。木材呈灰褐至灰红色，年轮不明显，导孔多而小、分布均匀。枫木纹理交错，结构细密而均匀，质轻而较硬，花纹图案优良。易加工，切面欠光滑，干燥时易翘曲。油漆涂装性能好，胶接性强。

柳木：材质适中，结构略粗，加工容易，胶接与涂饰性能良好。干燥时稍有开裂和翘曲。以柳木制作的胶合板称为菲律宾板。

红松：材质轻软，强度适中，干燥性好，耐水、耐腐，加工、涂饰、着色、胶接性好。

白松：材质轻软，富有弹性，结构细致均匀。干燥性好，耐水，耐腐，加工、涂饰、着色、胶接性好。一般白松比红松强度高。

柏木：柏木有香味可以入药，柏子可以安神补心。柏木色黄、质细、气馥、耐水、耐腐，多节疤，故民间多用其做"柏木筲"。

椴木：材质略轻软，结构略细，有丝绢光泽，不易开裂，加工、涂饰、着色、胶接性好。不耐腐，干燥时稍有翘曲。

柚木：柚木颜色自蜜色至褐色，久而转浓，材质坚致耐久，芯材颇似榉材，而色稍浓；膨胀收缩率为所有木材中最少之一；能抵抗海陆动物之侵蚀，且不致腐蚀铁类；因收缩率小，故不易漏水。因柚木具有高度耐腐性、在各种气候下不易变形、易于施工等多种优点，故适于制造船舰，作为船只甲板。现已成为闻名于世界的高级木材。

（四）常用人造板介绍

　　人造板是以木材或其他非木材植物为原料，经一定机械加工分离成各种单元材料后，施加或不施加胶黏剂和其他添加剂胶合而成的板材或模压制品。主要包括胶合板、刨花（碎料）板、空心板、纤维板等大类产品，其延伸产品和深加工产品达上百种。人造板的诞生，标志着木材加工现代化时代的开始。因各种人造板的组合结构不同，可克服木材的胀缩、翘曲、开裂等缺点，故在产品中使用，具有很多的优越性。

　　用于灯具设计制作的人造板主要是胶合板（如图3-16）。胶合板是由蒸煮软化的原木，旋切成大张薄片，然后将各张薄片以木纤维方向相互垂直放置，用耐水性好的合成树脂胶粘接，再经加压、干燥、锯边、表面修整而成的板材。胶合板层数为奇数，一般为3～13层，分别称三合板、五合板等。用来生产胶合板的树种有椴木、桦木、速生桉、水曲柳、榉木、色木槭、柳桉木等。胶合板通常的长宽规格是1220mm×2440mm，而厚度规格则一般有3mm、5mm、9mm、12mm、15mm、18mm等。

　　近年，在传统人造板的基础之上，又衍生出了饰面板、生态板。生态板，在行业内还有多种叫法，常见的叫法有免漆板和三聚氰胺板（如图3-17）。最初的叫法是三聚氰胺板，后来改名，业内统称为免漆板。生态板，分狭义和广义两种概念。

图 3-16　胶合板

图 3-17　生态板

　　广义上生态板等同于三聚氰胺贴面板，其全称是低压三聚氰胺树脂浸渍纸贴面人造板，是将印有不同颜色或纹理的纸放入生态板树脂胶黏剂中浸泡，然后干燥到一定固化程度，将其铺装在刨花板、防潮板、中密度纤维板、胶合板、细木工板或其他硬质纤维板表面，经热压而成的装饰板。

狭义上的生态板仅指板件中间所用基材为拼接实木（如马六甲、桐木、杉木、杨木等）的三聚氰胺贴面板，主要使用在橱柜、衣柜、卫浴柜或其他家具领域。

（五）木皮（单板）

图 3-18　木皮

木皮又称为单板、木皮、面板、面皮，是由旋切或刨削方法生产的木质薄片状材料。其厚度通常在0.4～1.0mm之间，主要用作生产胶合板和其他胶合层积材。一般优质单板用于胶合板、细木工板、模板、贴面板等人造板的面板，等级较低的单板用作背板和芯板。厚度较薄的木皮具有良好的透光性，和无纺布等韧性材质复合后，可以作为灯罩的备选材质（如图3-18）。

四、金属

金属材料种类繁多，有着优异的机械强度、良好的加工性能。凭着其出色的导电、散热、反光等特性，成为现代灯具不可缺少的材料。灯具中常用的金属包括铜、铝、钢铁等。

（一）铜材

铜有着优异的导电性，一般用作灯具的电路制作。铜材在一般情况下不生锈，使用寿命比其他五金材料长得多；质地软硬适中，易于加工切割与铣削；铜的熔点适中，在标准状况（标准大气压及零摄氏度）下，纯铜的熔点是1083℃，比纯铁的1535℃低得多，比较适合熔化浇注。因此，铜是欧式灯具的主要用材。导线使用的一般为纯铜，用于灯具框架、灯体部件的一般为黄铜。黄铜是铜与锌的合金，因色黄而得名（如图3-19）。黄铜的力学性能和耐磨性能都很好，可用于制造精密仪器、机械的零件、枪炮的弹壳、水龙头等。

图 3-19　黄铜

（二）铝材

铝材的导电性能良好，可以在导电性能要求不高的地方替代铜材，降低灯具的制作成本。铝材的质量较轻，软硬适中，加工性能良好，可用于制作灯具的底座、支架。铝材有良好的反光作用，适合制作灯具的反光板，以增强灯具的照明效果。铝材的导热性能优异，常用于制作大型灯具的散热结构。可见铝材在灯具领域的应用十分广泛。

（三）钢铁

钢铁在常用金属中是机械强度最高、价格最低的，加工手段也比较丰富成熟，因此在灯具中也得以广泛使用。钢铁材料常用于灯具框架、支架以及底座的制作。使用时，除了不锈钢以外，一般需要做表面涂装，以改良外观、减缓锈蚀。

五、塑料（树脂）

塑料的种类繁多，性能各异，色彩丰富，几乎能够把任何的设计构思完美地表达出来，是设计师最喜爱的材料。塑料是指以树脂（或在加工过程中用单体直接聚合）为主要成分，以增塑剂、填充剂、润滑剂、着色剂等添加剂为辅助成分，在加工过程中能流动成型的材料，也可以说是以树脂为主要原料而具有可塑性的材料及其制品。

树脂一般是指原料，如聚乙烯树脂、聚丙烯树脂、聚酯树脂等，但很多情况下塑料和树脂两个名词可以通用。所以，可以说，塑料就是树脂，树脂就是塑料。由此可见，树脂是塑料的原材料之一，塑料是树脂的成品。或者说，未成型的是树脂，成型后为塑料。

在灯具的模型制作中可以使用的塑料类型很多（如图3-20），使用的方式方法大致可以分为以下3种：

① 利用塑料丝、塑料棒、塑料管、塑料片（板）等现成的塑料素材，通过裁切、热弯、粘接、组装、喷涂等工艺，制作灯具模型部件。

② 树脂浇注，根据设计方案的要求，先用木板、

图3-20　塑料灯具

金属、石膏等材料做好浇注所需的模具，然后将调配好的树脂注入成型。

③ 3D打印成型。

六、玻璃

（一）玻璃的分类

玻璃的主要成分为二氧化硅和其他氧化物。普通玻璃的主要成分是硅酸盐复盐，是一种无规则结构的非晶态固体。玻璃主要分为平板玻璃、钢化玻璃、磨砂玻璃、喷砂玻璃、压花玻璃、中空玻璃、夹层玻璃、热弯玻璃、玻璃砖、变色玻璃等类型。其中，在灯具制作中用得比较多的是平板玻璃、钢化玻璃、磨砂玻璃、压花玻璃几个类型。

1.平板玻璃

平板玻璃是指未经其他加工的平板状玻璃制品，也称白片玻璃或净片玻璃。按生产方法不同，可分为普通平板玻璃和浮法玻璃。由于浮法玻璃厚度均匀、上下表面平整平行，再加上劳动生产率高及利于管理等方面的因素影响，正成为玻璃制造方式的主流。

平板玻璃具有透光、透明、隔声、保温、耐磨、耐气候变化等性能。平板玻璃主要物理性能指标：折射率约1.52；透光度85%以上（厚2mm的玻璃，有色和带涂层者除外）；软化温度650～700℃；热导率0.81～0.93W/（m·K）；膨胀系数（9～10）×$10^{-6}K^{-1}$；相对密度约2.5；抗弯强度16～60MPa。

2.钢化玻璃

钢化玻璃是普通平板玻璃经过再加工处理而成的一种预应力玻璃。钢化玻璃相对于普通平板玻璃来说，具有两大特征：

① 钢化玻璃强度是普通平板玻璃的数倍，拉伸强度是普通平板玻璃的3倍以上，抗冲击强度是普通平板玻璃5倍以上。

② 钢化玻璃不容易破碎，即使破碎也会以无锐角的颗粒形式碎裂，对人体伤害大大降低。

3.磨砂玻璃

磨砂玻璃又叫毛玻璃、暗玻璃，是用普通平板玻璃经机械喷砂、手工或机械研磨（如金刚砂研磨）、化学方法处理（如氢氟酸溶蚀）等手段将表面处理成粗糙不平整的半透明玻璃。

由于表面粗糙，光线产生漫反射，磨砂玻璃透光而不透视。这是因为磨砂玻璃表面不是光滑的平面，光线被反射后向四面八方射出去，再折射到视网膜上时已经是不完整的像，于是就看不见玻璃背后的东西了。

与平板玻璃和钢化玻璃相比，磨砂玻璃制作的灯具能使光线更加柔和，避免眩光的出现。

4.压花玻璃

压花玻璃的透视性因花纹、距离的不同而各异。常见的花纹有布纹、七巧板、千禧格、双方格、金丝、冰花、海棠花、香梨、木纹、水纹、钻石、竹编、福字、雨花、银霞等各种花型。

① 按其透视性可分为近乎透明可见的、稍微透明可见的、几乎遮挡看不见的和完全遮挡看不见的。

② 按其类型分为压花真空镀铝玻璃、立体感压花玻璃和彩色膜压花玻璃等。

5.吹制玻璃

吹制玻璃是利用玻璃在一定的温度范围内具有可塑性的特点，使用中空的铁棍从炉中挑出玻璃料，一个人在一端吹气，另一端的玻璃料即被吹成球形。这时可以通过剪刀、模具等工具来塑型。吹制操作通常需要几个人合作完成，主要包括以下步骤：

① 挑料：先将长度约1200～1500mm的铁管或者是不锈钢管的一端放在炉中加热至适当温度，以便于粘住玻璃液，蘸取坩埚里的熔融玻璃。

② 吹泡：将挑出的玻璃液，在滚料板或滚料碗中滚压成玻璃料团，在特殊制作台上从吹杆的一端吹气于软化状态的玻璃内，使它成为中空的厚壁小泡，然后把它吹大成料泡，或者利用玻璃本身的流动性来形成料泡。

③ 塑型：在不停的转动和吹气下，玻璃泡不断胀大，操作时仅使用钳子、镊子、夹板和样板等特制的手工工具塑造或用剪刀修剪。

④ 整理：制品退火后应再进行割口、烘口等加工整理。

一直以来，吹制玻璃通常用于艺术创作。吹制玻璃所制作的灯具富有艺术家个人的艺术情感，售价不菲。

（二）玻璃的特性

1.各向同性

玻璃的原子排列是无规则的，其原子在空间中具有统计上的均匀性。在理想状态下，均质玻璃的物理、化学性质（如折射率、硬度、弹性模量、热膨胀系数、热导率、电导率等）在各方向都是相同的。

2.无固定熔点

因为玻璃是混合物，非晶体，所以无固定熔沸点。玻璃由固体转变为液体是在一定温度区间（即软化温度范围）内进行的，它与结晶物质不同，没有固定的熔点。

3.亚稳性

玻璃态物质一般是由熔融体快速冷却得到，从熔融态向玻璃态转变时，冷却过程中黏度急剧增大，质点来不及做有规则排列形成晶体，没有释出结晶潜热，因此，玻璃态物质比结晶态物质含有较高的内能，其能量介于熔融态和结晶态之间，属于亚稳状态。

七、陶瓷

陶瓷是陶和瓷的合称。用泥（陶泥或瓷泥）加水成泥浆，制成器皿的形状，待干燥后再放入窑炉烧成一件件器皿，制成品叫做陶器或瓷器。陶瓷的稳定性非常高，具有极好的防火性能，我国先民从原始社会晚期就开始使用陶豆灯。薄胎陶瓷具有较好的透光性，始于北宋年间，至今有千年的历史。薄胎陶瓷灯由于其工艺复杂、成型难度高，最早只是作为宫廷的装饰灯具。现代陶瓷灯分为镂空陶瓷灯和薄胎陶瓷灯。陶瓷底座的台灯，是现代陶瓷灯中发展最健全、历史最悠久的灯，和古代陶瓷灯有相似之处，底座都是陶瓷做的。现在常见的陶瓷底座台灯，大多都是底座是陶瓷，在底座的顶部装上布艺灯罩，灯罩里面放置光源；也有直接以陶瓷部件作为主体的陶瓷灯具，款式新颖多变（如图3-21）。

陶瓷灯以其优异性能和高技术工艺而被人重视，其高昂的价格更使得人们认为这种灯具只适用于高级商业照明，如豪华酒店、宾馆、珠宝首饰店、高级会议厅、高档服装专卖店等。但是随着人们对事物认识的加深，很多观点在迅

图 3-21　陶瓷灯具

速变化，陶瓷灯的应用领域也在不断拓展。中国瓷都景德镇传承了薄胎陶瓷的千年绝技，如今发展出走入寻常百姓家庭的现代薄胎陶瓷灯。

八、纺织品

　　纺织品是一个庞大的材料种类，按照加工方式可分为针织、梭织和无纺布三大类。根据丝织品种的组织结构、原料、质地、加工工艺、外观形态和主要用途，可分成纱、罗、绫、绢、纺、绡、绉、锦、缎、绨、葛、呢、绒、绸等十四大类。

　　纺织品质地柔软，具有良好的可塑性，且具有一定的透光性，一般用于灯具的灯罩制作，古代的灯笼即是如此。用于灯具制作的纺织品必须具有良好的防火阻燃性能。将纺织品用于灯具制作时，必须远离光源，以确保灯具在使用过程中的安全性。

　　在灯具设计制作中常用的纺织品主要有：

（一）棉布

　　棉布是各类棉纺织品的总称。它的优点是轻松柔和，吸湿性、透气性甚佳。它的缺点则是易缩，易皱，恢复性差，光泽度差（如图3-22）。

（二）麻布

　　麻布是以大麻、亚麻、黄麻、苎麻、剑麻、

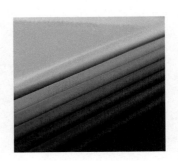

图 3-22　棉布

图3-23 麻布

蕉麻等各种麻类植物纤维制成的一种布料。它的优点是强度高，吸湿、导热、透气性甚佳。它的外观较为粗犷，富有原生态的感觉（如图3-23）。

（三）丝绸

丝绸是以蚕丝为原料纺织而成的各种丝织物的统称。与棉布一样，它的品种很多，特点各异。它的长处是轻薄、透气、柔软、滑爽，色彩绚丽，富有光泽，高贵典雅。它的不足则是易生褶皱，不够结实，褪色较快。

（四）呢绒

呢绒又叫毛料，它是对用各类羊毛、羊绒织成的织物的泛称。它的优点是防皱耐磨，手感柔软，高雅挺括，富有弹性。

（五）混纺

混纺是将天然纤维与化学纤维按照一定的比例，混合纺织而成的织物。它既吸收了棉、麻、丝、毛和化纤各自的优点，又尽可能地避免了它们各自的缺点，而且在价格上相对低廉，所以深受市场欢迎。

（六）无纺布

无纺布并不是传统意义上的纺织品。它是不经传统纺织工艺，而由纤维铺网加工处理而成的薄片纺织品，称为无纺布（如图3-24）。

图3-24 无纺布

无纺布具有防潮、透气、柔韧、质轻、不助燃、色彩丰富、价格低廉、无毒无刺激性、容易分解、可循环再用等特点。大多数无纺布采用聚丙烯（pp）粒料为原料，经高温熔融、喷丝、铺网、热压卷取等步骤生产而成，具有工艺流程短、生产速率快、原料来源多、产量高、成本低、用途广等优势。

无纺布制品色彩丰富、鲜艳明丽、美观大方、时尚环保、用途广泛、图案和款式丰富，且质轻、环保、可循环再用，是国际公认的环保产品。无纺布没有经纬线，剪裁和缝纫都非常方便，而且容易定型，深受手工爱好者的喜爱。

九、灯具制作辅助材料

在灯具模型制作的过程中，除了木材、竹材、金属、玻璃、纺织品等主要材料以外，在不同的制作环节还需要用到相应的辅助性材料，大体包括胶黏类、填充类、打磨类、涂装类以及五金类辅助性材料。

（一）胶黏类

胶黏类辅助材料可以用于灯具的部件制作环节，也可以用于灯具的整体组装环节，主要起到黏合、加固灯具的作用。具体使用哪种胶黏剂与粘接的基材类型有关，也与灯具的结构有关。灯具制作中常用的胶黏剂包括玻璃胶、AB胶、万能胶、502胶水、白乳胶、模型胶、热熔胶等。

1.玻璃胶（如图3-25）

玻璃胶分为酸性和中性两大类，中性玻璃胶在实践中使用比较多，主要因为它不会腐蚀物体，对粘接基材的适应性比较强，但是固化的速度比较慢；而酸性玻璃胶的固化速度比较快，粘接力很强。但是，酸性玻璃胶有一定的腐蚀性，对使用的基材有要求，一般不可以在碱性基材上使用。酸性玻璃胶在固化过程中会释放出有刺激性的气体，刺激眼睛与呼吸道，因此一定要打开门窗作

图3-25 玻璃胶

业。玻璃胶固化以后并不会产生明显收缩，因此也具备一定的填缝作用。

2.AB胶

AB胶是两液混合固化胶的别称，一液是本胶，一液是固化剂，两液相混

才能固化，是不须靠温度来固化的，所以是常温固化胶的一种，做模型时会用到。

AB胶是双组分胶黏剂的叫法，主要有丙烯酸、环氧树脂、聚氨酯等成分的AB胶。

双组分环氧树脂AB胶，具有高透明性，粘接物固化后完美无痕。AB胶无需加热，可常温固化，环保无毒；黏合强度高、韧性好、耐油、耐水；固化物收缩率低，具有良好的绝缘、抗压等电气及物理特性。AB胶广泛应用于各种高档陶瓷、玻璃、金属、水晶、玉器、珠宝、花岗岩、灯饰、家具、仪表、工艺品、体育用品、休闲娱乐器材等产品的制造与修复。AB胶不适用于有弹性或软质材料类产品的粘接。

（1）使用方法

① 室温下（25℃）将被粘物处理洁净，然后将A胶和B胶以目测1∶1比例重叠涂布或在一个被粘件涂A胶，另一被粘件涂B胶，然后粘在一起，前后做2～3次磨合后固定5～10分钟。

② 室温下（25℃）将被粘物处理洁净，然后将A胶和B胶以目测1∶1比例用涂塑胶料片混合后，3分钟内涂于待黏合的表面，固定5～10分钟即可定位。

AB胶在贴合后30分钟可达到最高强度的50%，24小时后达最高强度。

（2）使用注意事项

① 工作场所保持通风，避免儿童接触。

② 使用时，应先做试验，避免因操作不当而影响粘接效果。

③ 操作时，请戴隔离手套，若触及皮肤或眼睛，应立即用清水冲洗或就医。

④ 只有保证正确的混合比例，才能获得理想的力学和化学性能，否则会导致不理想的固化效果。

⑤ 施工温度不能低于5℃，冬天适当加热可加快固化速度和提高黏合强度。

⑥ 调胶量不宜过多，要在可工作时间内完成施工；调胶量越多，温度越高，可使用时间越短。

⑦ 胶出现过于黏稠或者凝胶现象，请停止使用。

⑧ 未使用时勿将两胶混合，使用完勿将胶帽盖错。

⑨ 贮存于阴凉、干燥、通风处。

3.万能胶

万能胶通常是指建筑装修和五金维修行业通用的一类溶剂型胶黏剂，因其粘接范围广、使用方便而得名，一般可用于木材、金属、铝塑板、皮革、人造革、塑料、橡胶等软硬材料的粘接。事实上真正的万能胶是不存在的，只是它的应用面较广而予以其美称。常见的万能胶的主要成分为氯丁胶，一般采用苯、甲苯、二甲苯作为溶剂，呈黄色液态黏稠状，具有良好的耐油、耐溶剂和耐化学试剂的性能。

4.502胶水

502胶水是以α-氰基丙烯酸乙酯为主，加入增黏剂、稳定剂、增韧剂、阻聚剂等，通过先进生产工艺合成的单组分瞬间固化黏合，能粘住绝大多数材质的物品。如果502胶水被暴露放置，会在空气中微量水催化下发生加聚反应，迅速固化而将被粘物粘牢，故有瞬间胶黏剂之称。502胶水具有一定的毒性，只不过是固化以后毒性会降低而已，但是502胶水毕竟是氰基化合物，分解后还会产生有毒的物质。

502胶水主要用于钢铁、有色金属、橡胶、皮革、塑料、陶瓷、木材、非金属陶瓷、玻璃、橡胶制品、皮鞋和软、硬塑胶等自身或相互间的黏合，但对聚乙烯、聚丙烯、聚四氟乙烯等难粘材料，其表面需经过特殊处理，方能粘接。广泛用于电气、仪表、机械、电子、光学仪器、医疗、轻工等行业。

502胶水黏着迅速，操作中防止皮肤、衣物被粘住，产品具弱催泪性，其蒸气会刺激眼睛，使用时注意通风。使用时需格外小心，避免与皮肤的接触及进入眼睛。若因意外进入眼睛，应立即用大量清水洗涤并送去医院。清洗眼睛时，可使用稀碳酸氢钠溶液。触及手部时，应立即张开手指，避免皮肤粘连，然后可以用肥皂水、洗涤液或浮石等洗净手部。

相类似的产品还有401胶水、415胶水等，效果与502胶水相类似，在市场中价格相对来说较贵一些。

5.白乳胶（如图3-26）

白乳胶是一种水溶性胶黏剂，也可称为PVAc乳液，化学名为聚醋酸乙烯胶黏剂，是由醋酸与乙烯合成醋酸乙烯，添加钛白粉（低档的就加轻钙、滑石粉等粉料），再经乳液聚合而成的乳白色稠厚液体。

图3-26 白乳胶

白乳胶是目前用途最广、用量最大的黏合剂品种之一，是一种水性环保胶。白乳胶初粘性好，操作性佳，粘接力强，抗压强度高，耐热性强，但是干燥速度一般。白乳胶是以水为分散剂，使用安全、无毒、不燃、可常温固化、清洗方便，对木材、纸张和织物等材料有很好的黏着力，黏合强度高，固化后的胶层无色透明、韧性好，不污染被粘物。由于具有成膜性好、黏合强度高、耐稀酸稀碱性好、使用方便、价格便宜、不含有机溶剂等优势，被广泛应用于木材、家具、装修、造纸、印刷、纺织、皮革等行业，已成为人们熟悉的一种黏合剂。

（二）填充类

灯具制作中常用的填充类材料有原子灰（如图3-27）、AB补土（如图3-28）等，其中原子灰的使用最为普遍。

图 3-27　原子灰

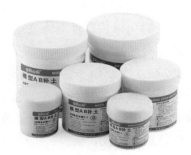

图 3-28　AB 补土

原子灰俗称腻子，又称不饱和聚酯树脂腻子，是发展较快的一种新型嵌填材料，能很好地附着在物体表面，稳定性好，在干燥过程中不产生裂纹。

原子灰是一种高分子材料，由主体灰（基灰）和固化剂两部分组成，主体灰的成分多是不饱和聚酯树脂和填料，固化剂的成分一般是引发剂和增塑剂，起到引发聚合、增强性能的作用。

不饱和聚酯树脂是主体，在引发以后发生聚合，快速成型固化，黏附在物体表面，填料里往往还加入苯乙烯等稀释剂和其他改性材料，提高整体的性能。这种能够在物质表面黏附并快速成型的性质，特别适合表面涂料类的应用，如汽车、船舶、家具等行业。

根据不同行业的不同性能要求，原子灰可分为汽车修补原子灰、制造厂专用原子灰、家具原子灰、钣金原子灰（合金原子灰）、耐高温原子灰、导静电原子灰、红灰（填眼灰）、细刮原子灰、焊缝原子灰等。

（三）打磨类

灯具制作中常用的打磨类材料主要包括砂纸、砂带、抛光蜡等，其中砂纸使用最为普遍。

1.砂纸（如图3-29）

砂纸通常是在原纸上胶着各种研磨砂粒而成，用以研磨金属、木材等表面，使其光洁平滑。根据不同的研磨物质，有金刚砂纸、人造金刚砂纸、玻璃砂纸等多种。砂纸又分为干磨砂纸和水磨砂纸，干磨砂纸（木砂纸）用于磨光木、竹器表面，水磨砂纸（水砂纸）用于在水中或油中磨光金属或非金属工件表面。

图3-29　砂纸

砂纸的型号用目数表示。目是一个单位，目数的含义是在1英寸（25.4mm）的长度上筛网的孔数，也就是目数越高，筛孔越多，磨料就越细。

各种砂纸的常用规格：

① 粗磨级别砂纸目数：16、24、36、40、50、60。

② 常用级别砂纸目数：80、100、120、150、180、220、280、320、400、500、600。

③ 精磨级别砂纸目数：800、100、1200、1500、2000、2500、3000。

2.抛光蜡（如图3-30）

抛光蜡别名抛光膏、抛光皂、抛光砖、抛光棒。抛光蜡的研磨精度普遍要高于砂纸，所以一般用于高精度的打磨抛光作业。抛光蜡一般分为：黄色抛光膏、紫色抛光膏、白色抛光膏、绿色抛光膏。

① 黄色抛光膏：由硬化油、凡士林、石英粉、松香等配合而成，主要成分是长石，适用于金属或非金属的粗抛。

② 紫色抛光膏：由松香、凡士林、石蜡、

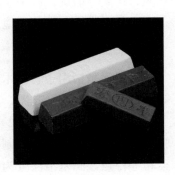

图3-30　抛光蜡

棕刚玉微粉或磨削力较强的氧化铝粉、氧化铁红等配合而成，主要成分是棕刚玉微粉或氧化铝粉，适用于任何金属或非金属件的中磨等。

③ 白色抛光膏：由硬脂酸、脂肪酸、氧化铝粉、石蜡、单甘酯、羊毛脂等配合而成，主要成分是氧化铝，适用于任何材质的精细抛光。

④ 绿色抛光膏：由硬脂酸、单甘酯、石蜡、蜂蜡、羊毛脂、适量氧化铬绿和出光较好的氧化铝粉等配合而成，主要成分是氧化铬绿和氧化铝，适用于任何工件的镜面抛光。

（四）涂装类

在灯具制作的涂装环节常用的材料为自喷漆、木器漆、美纹纸等。

1.自喷漆（如图3-31）

图 3-31　自喷漆

自喷漆也叫手喷漆，即气雾漆，通常由气雾罐、气雾阀、内容物（油漆）和抛射剂组成，就是把油漆通过特殊方法处理后高压灌装、方便喷涂的一种油漆。自喷漆用途极为广泛，通过近几年的发展，用途已从开始时的修补油漆瑕疵发展到模具、玩具、工艺品、乐器、工业机械、建筑物、广告宣传、标识、涂鸦等各个领域。

正式喷涂之前一般先做小面积的实验，以检验喷漆和基材之间是否适合。喷漆前先将自喷漆上下摇晃几次，然后将喷嘴对准喷漆的起点，距离表面10 ～ 15cm，轻轻按下喷嘴，按一定方向均匀移动即可，中途尽量避免停顿。不要一次喷涂太多，以免形成积液、挂漏等瑕疵，应采用薄喷多次的方式喷涂。

应在通风、无尘的环境下操作，避开火源。

2.木器漆

木器漆是指用于竹、木制品上的一类树脂漆，有硝基漆、聚酯漆、水性漆等。按光泽可分为高光漆、半哑光漆、哑光漆。

① 硝基漆（如图3-32）：硝基漆中的硝基清漆是一种由硝化棉、醇酸树脂、增塑剂及有机溶剂调制而成的透明漆，属挥发性油漆，具有干燥快、光泽柔和等特点。硝基清漆分为高光、半哑光和哑光三种，可根据需要选用。硝基漆也有其缺点：高湿天气易泛白、丰满度低、硬度低。手扫漆与硝基清漆同属

于硝基漆，它是由硝化棉、各种合成树脂、颜料及有机溶剂调制而成的一种非透明漆。手扫漆专为人工施工而配制，具有易扫快干的特点。硝基漆的主要辅助剂：a.天那水。它是由酯、醇、苯、酮类等有机溶剂混合而成的一种具有香蕉气味的无色透明液体，主要起调和硝基漆及固化作用。b.化白水。也叫防白水，学名为乙二醇单丁醚。在潮湿天气施工时，硝基漆膜会有发白现象，适当加入稀释剂量10% ～ 15%的硝基磁化白水即可消除。

图 3-32　硝基漆

　　② 聚酯漆：它是以聚酯树脂为主要成膜物制成的一种厚质漆。聚酯漆的漆膜丰满，层厚面硬。聚酯漆同样拥有清漆品种，叫聚酯清漆。聚酯漆在施工过程中需要进行固化，这些固化剂的分量占油漆总分量的1/3。这些固化剂也称为硬化剂，其主要成分是TDI（甲苯二异氰酸酯）。这些处于游离状态的TDI会变黄，黄变是聚酯漆的一大缺点。目前市面上已经出现了耐黄变聚酯漆，但也只能做到"耐黄"，还不能完全防止变黄。此外，超出标准的游离TDI还会对人体造成伤害。

　　③ 水性漆（如图3-33）：水性漆是以水作为稀释剂的涂料。水性漆包括水溶性漆、水稀释性漆、水分散性漆（乳胶涂料）3种。水性漆的生产过程是一个简单的物理混合过程。水性漆以水为溶剂，无任何有害挥发，是目前最安全、最环保的涂料。但由于受涂装效果和涂装工艺等综合因素的影响，水性漆在国内的市场占有率还比较低。但是水性漆低碳环保的理念是未来用漆发展的方向，随着技术的不断进步，它的应用将会越来越广泛。

图 3-33　水性漆

　　3.美纹纸（如图3-34）

　　美纹纸是一种高科技装饰、喷涂用纸（因其用途的特殊性能，又称分色带纸），广泛应用于室内装饰、家用电器的喷漆及高档豪华轿车的喷涂。

　　美纹纸的分色界线清晰、明朗，又兼具弧线美术效果，为装饰、喷涂行业带来了一次新的技术革命，使这些行业焕发出新的生机。

图 3-34　美纹纸

第三节
灯具模型制作的常用工具

熟识和掌握实验室里面常用的工具和设备，是制定灯具模型制作的技术路线的前提，也是提高操作安全、避免实验室安全事故的必备过程。

实验室里面常用的工具和设备一般可以分为手动工具、手持电动工具、机械设备、数控设备四个大类。接下来，我们将从工具的作用、操作规范、潜在危险以及防范措施等方面系统地了解一下常用的工具。

一、手动工具

在现在这样一个科技高速发展的电子信息时代，电子产品几乎已经取代了我们的手工劳动，但总是有许多事情是机器所做不到的，或者是不及手动操作便利的，这时候就必须要靠我们的双手来完成。自古以来我们的手工劳动都是要通过一些工具来进行，现在也不例外，有专门的手动工具。手动工具是一个相对概念，主要指区别于机器或自动化驱动的工具。因其驱动方式多为手动，故而得名。某些工具既可以手动使用，也可以装在机器或自动机构上使用，所以就工具本身来讲并无严格的区分。

实验室中最常用的手动工具包括：测量工具、裁切工具、敲击工具、打磨工具、紧固工具等。

（一）测量工具

测量工具是测量物体某个性质（包括长度、温度、硬度、时间、质量、力、电流、电压、电阻、声音、无线电、折射率和平均色散）的工具。用于灯具实验室制作的工具主要是长度测量工具、温度测量工具和电流电压测量工具，主要包括钢直尺、钢卷尺、组合直角尺、量角器、游标卡尺、温度计、万用表、试电笔等。

1.钢直尺

钢直尺是最常用的测量工具，是用薄钢片制成的带状尺，它的长度一般有

150mm、300mm、500mm和1000mm四 种 规 格（如图3-35）。

钢直尺用于测量零件的长度尺寸，它的测量结果不太精确。这是由于钢直尺的刻线间距为1mm，而刻线本身的宽度就有0.1～0.2mm，所以测量时读数误差比较大，只能读出毫米，即它的最小读数值为1mm，比1mm小的数值，只能估计而得。

图3-35　钢直尺

不宜使用钢直尺直接测量零部件的直径尺寸（轴径或孔径）。其原因是：除了钢直尺本身的读数误差比较大以外，还无法放在零件直径的正确位置。所以，零件直径尺寸的测量，可以利用钢直尺和内外卡钳配合进行。

2.钢卷尺

钢卷尺主要由外壳、尺条、制动、尺钩、提带、尺簧、防摔保护套和贴标等部件构成（如图3-36），具体功能如下：

图3-36　钢卷尺

① 外壳：采用ABS塑料，外表有光泽；抗摔、耐磨、不易变形。

② 尺条：采用厚度为10丝（0.10mm）的50一级带钢；尺面为最先进的环保油漆，无味、光滑耐磨、色彩鲜艳、刻度清晰明亮。

③ 制动：具有上、侧、底三维制动，手控感觉更强。

④ 尺钩：铆钉尺钩结构，不易变形，确保测量更加精准。

⑤ 提带：一般有橡胶、尼龙两种，高档优质、结实耐用、手感好。

⑥ 尺簧：选用50碳钢、65锰材质，韧性强、精确度高。

⑦ 防摔保护套：选用优质塑料，防止摔坏和碰撞破损，增强耐用性。

3.组合直角尺

直角尺主要用于测量工件的角度是否垂直（如图3-37），有以下使用要点：

① 使用直角尺时，将直角尺靠在被检工件

图3-37　组合直角尺

的有关表面上，用光隙法来鉴别被检直角是否正确。检验工件外角时使用直角尺的内工作角，检验工件内角时用直角尺的外工作角。

② 测量时，要注意直角尺的安放位置，不能放歪斜。

③ 使用和安放工作边较长的直角尺时，要注意防止尺身弯曲变形。

④ 如用直角尺检测时能配合用其他量具同时读数，则尽可能将直角尺翻转180°再测一次，取前后两次读数的算术平均值作结果。这样可消除直角尺本身的偏差。

图3-38　量角器

图3-39　游标卡尺

4.量角器

量角器（如图3-38）主要用于测量工件的角度，具体使用方法如下：先确定被测量角的两条边以及两条边的交点，如果没有交点应将两条边延长至相交，得到交点。然后将量角器的"0"点与两条边交点重合，将量角器的"0"度线与角的一边重合，这时角另一边在量角器上所指示的读数就是这个角的角度。

5.游标卡尺

游标卡尺是一种测量长度、内外径、深度的量具，通常用来测量精度较高的工件（如图3-39）。游标卡尺由主尺和附在主尺上能滑动的游标两部分构成。若从背面看，游标是一个整体。深度尺与游标尺连在一起，可以测槽和筒的深度。

通常游标卡尺有3种精度分类，分别为：

① 10分度游标卡尺，其精度为0.1mm。

② 20分度游标卡尺，其精度为0.05mm。

③ 50分度游标卡尺，其精度为0.02mm。

例如，50分度的游标卡尺，其游标尺总长49mm，并等分50份，每份长度为0.98mm，与主尺最小刻度相差0.02mm，称这种卡尺的精度为0.02mm。

将量爪并拢，查看游标和主尺身的零刻度线是否对齐。如果对齐就可以进行测量，如没有对齐则要记取零误差。游标的零刻度线在尺身零刻度线右侧的叫正零误差，在尺身零刻度线左侧的叫负零误差（这种规定方法与数轴的规定一致，原点以右为正，原点以左为负）。

测量时，右手拿住尺身，大拇指移动游标，左手拿待测外径（或内径）的物体，使待测物位于外测量爪之间，当与量爪紧紧相贴时，即可读数。读数时首先以游标零刻度线为准在尺身上读取毫米整数，即以毫米为单位的整数部分。然后看游标上第几条刻度线与尺身的刻度线对齐，如第3条刻度线与尺身刻度线对齐，则小数部分即为0.3mm（以准确到0.1mm的游标卡尺为例，尺身上的最小分度是1mm，游标尺上有10个小的等分刻度，总长9mm，每1分度为0.9mm，与主尺上的最小分度相差0.1mm）。

长度读取公式：L=整数部分（对准前刻度）+小数部分（游标上第n条刻度线与尺身的刻度线对齐×分度值）−零误差。

保管方法：游标卡尺是精密的测量工具，使用完毕后，用棉纱擦拭干净。长期不用时应将它擦上黄油或机油，两量爪合拢并拧紧紧固螺钉，放入卡尺盒内盖好。

6. 温度计

根据所用测温物质的不同和测温对象和范围的不同，有煤油温度计、酒精温度计、水银温度计、气体温度计、电阻温度计、温差电偶温度计、辐射温度计和光测温度计、双金属温度计等。

温度计在灯具制作、测试中，主要用于测量和监控灯具光源、灯罩等部件的温度变化，以优化设计方案，提高灯具使用的安全性。常用温度计（如图3-40）有水银温度计、数字温度计。

图3-40　温度计

① 水银温度计：膨胀式温度计的一种，水银的凝固点是−39℃，沸点是356.7℃，测量温度范围是−39～356.7℃，它只能作为就地监督的仪表。用它来测量温度，不仅简单直观，而且还可以避免外部远传温度计的误差。

② 数字温度计：测温仪器类型的一种。数字温度计可以准确地判断和测量温度，以数字显示，而非指针或水银显示，故称数字温度计或数字温度表。

7. 万用表

万用表具有用途多、量程广、使用方便等优点，是电子测量中最常用的工

图 3-41　万用表

具（如图3-41）。它可以用来测量电阻、交直流电压和交直流电流，有的万用表还可以测量晶体管的主要参数及电容器的电容等。

常见的万用表有指针式万用表和数字式万用表。指针式万用表是以表头为核心部件的多功能测量仪表，测量值由表头指针指示读取。数字式万用表的测量值由液晶显示屏直接以数字的形式显示，读取方便，有些还带有语音提示功能。

万用表是公用一个表头，集电压表、电流表和欧姆表等于一体的仪表，可以通过旋钮或者按钮实现功能转换。万用表的直流电流挡是多量程的直流电流表，表头并联闭路式分流电阻即可扩大其电流量程。万用表的直流电压挡是多量程的直流电压表，表头串联分压电阻即可扩大其电压量程。分压电阻不同，相应的量程也不同。万用表的表头为磁电系测量机构，它只能通过直流，利用二极管将交流变为直流，从而实现交流电的测量。

图 3-42　试电笔

8.试电笔

试电笔是用来检验线路和设备是否带电的工具。常见的试电笔有钢笔式、螺丝刀式和感应显示式三种。实验室常用的是低压试电笔，检验电压范围在60～500V，使用时手指须接触笔顶端的金属部分，让带电体-试电笔-人体-大地之间构成回路（如图3-42）。

需特别注意的是，试电笔在使用前，应首先检查是否能正常验电，防止在检验中造成误判，危及人身安全。

（二）裁切工具

在灯具的实验室设计制作中，常用的手持裁切工具主要包括美工刀、剪刀、铁皮剪、手拉锯等。手持裁切工具普遍具有安全系数高、操作简便等特点，是实验室中使用最为普遍的裁切工具。

1.美工刀

美工刀俗称刻刀或裁纸刀，常用于美术和手工艺品制作，主要用来切割质地较软的东西；多由塑刀柄和刀片两部分组成，为抽拉式结构，也有少数为金属刀柄；刀片多为斜口，用钝可顺片身的划线折断，出现新的刀锋，方便使用（如图3-43）。美工刀有大小多种型号。

图 3-43　美工刀

美工刀为了方便折断，都会在刀片上做折线工艺处理，但是这些处理对于惯用左手的人来说可能会比较危险，使用时应多加小心。不要因为美工刀常见就放松警惕，由于其十分锋利，如果使用不正确的话，美工刀造成的伤口同样可以致命，所以在使用过程中，务必要小心。

2.剪刀

剪刀是一个庞大的裁切工具族群，有医用、家用、电气用、美发美容用、绿化用等大类。实验室主要使用家用、电气用类型的剪刀（如图3-44）。

图 3-44　剪刀

现代家用剪刀是用钒铁材料制成的。钒是钢铁工业中重要的合金添加剂。钒能提高钢的强度、韧性、延性和耐热性。家用剪刀的刀口组合良好，剪刀的切割次数可超过5000次。禁止使用剪刀剪切透明胶，以免透明胶上的胶体粘到刀口上，影响剪刀的正常使用。

3.手拉锯

在实验室进行灯具制作主要用到的手拉锯主要分为板锯、木工锯、钢架锯、钢丝锯等类型，根据裁切对象的材质差异、裁切的精度要

图 3-45　手拉锯

求、裁切的线型等不同要求，选用不同的手拉锯（如图3-45）。一般而言，锯齿大的手拉锯裁切速度快，但是精度较低，多用于木材加工；锯齿小的手拉锯裁切速度小，多用于金属的裁切。板锯多用于直线的裁切；钢丝锯多用于曲线的裁切。

（三）敲击工具

锤子是用于敲击或锤打物体的手工工具。锤子由锤体和握持手柄两部分组

图 3-46　铁锤

图 3-47　橡胶锤

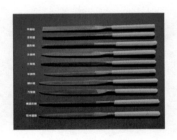

图 3-48　锉刀

成，锤体的常见材质有钢、铜、铅、塑料、木头、橡胶等。实验室进行灯具制作常用的敲击工具为铁锤和橡胶锤。

1.铁锤

铁锤是敲打物体使其移动或变形的工具（如图3-46）。最常用来敲钉子、矫正或是将物件敲开。锤子有着各种各样的形式，常见的锤体顶部的一面是平坦的，以便敲击；另一面则是锤头，锤头的形状可以像羊角，也可以是楔形，其功能为拔出钉子。另外也有圆头形的锤头。

2.橡胶锤

橡胶锤与铁锤相比有一定的弹性，主要用于提供柔性的敲击力（如图3-47）。通常用于敲击木构件，不会给木构件留下敲击凹痕等损坏。通常选用浅色的橡胶锤，以免在工件上留下黑色的印痕。

（四）打磨工具

实验室加工打磨工序中使用最多的就是锉刀（如图3-48）。锉刀是一种通过往复摩擦而锉削、修整或磨光物体表面的手工工具。锉刀由表面剁有齿纹的钢制锉身和锉柄两部分组成，大规格钢锉（俗称钳工锉）的锉柄上还配有木制手柄。锉刀是一种小型生产工具，是用于锉光工件的手工工具。它是选用碳素工具钢T12或T13制作，经热处理后，再将工作部分淬火制成的，由于含碳量很高，比较脆硬，主要用于金属、木料、皮革等表层的微量加工。

1.按用途分

① 普通钳工锉：用于一般的锉削加工，一般规格较大，通用性也强，特别适于锉削或修整较大金属工件的平面以及孔槽表面。

② 木锉：用于锉削木材、皮革等软质材料。

③ 整形锉（什锦锉）：用于锉削小而精细的金属零件。整形锉的锉身长度

不超过100mm。根据加工用途的需要，一般将同样长度而形状各异的整形锉组配成套。

④ 锯锉：专用于锉锐木工锯和伐木锯。使用最多的是三角锯锉和菱形锉。小规格的菱形锉也可以在截断玻璃棍棒时用来锉划线痕。

2. 按锉刀剖面形状分

① 平锉：用来锉平面、外圆面和凸弧面。

② 三角锉：用来锉内角、三角孔和平面。

③ 方锉：用来锉方孔、长方孔和窄平面。

④ 半圆锉：用来锉凹弧面和平面。

⑤ 圆锉：用来锉圆孔、半径较小的凹弧面和椭圆面。

（五）紧固工具

紧固工具通常在灯具制作的实践操作中用于锁紧固定工件，以便于加工或者组装灯具部件。常用的紧固工具包括螺丝刀、扳手、拉铆枪、台虎钳、木工夹、扎带等。

1. 螺丝刀

螺丝刀是一种用以拧紧或旋松各种尺寸的槽形机用螺钉、木螺钉以及自攻螺钉的手工工具（如图3-49）。螺丝刀的一端装配有便于握持的手柄；另一端镦锻成扁平形或十字尖形的刀口，与螺钉的顶槽相啮合，施加扭力于手柄便可使螺钉转动。

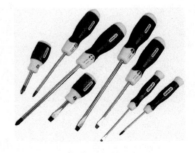

图 3-49　螺丝刀

螺丝刀的刀口部分一般经过淬硬处理，耐磨性强。常见的螺钉旋具有75mm、100mm、150mm、300mm等长度规格，旋杆的直径和长度与刀口的厚薄和宽度成正比。手柄的材料为直纹木料、塑料或金属。螺钉旋具一般按旋杆顶端的刀口形状分为一字型、十字型、六角型和花型等数种，分别旋拧带有相应螺钉头的螺纹紧固件。螺丝刀的刀头以十字型最为常用，一字型的刀头已经基本退出市场。

除了单一刀头螺丝刀以外，还有组合型的多用途螺丝刀，通常由一个带有卡口的手柄和几种规格的刀口组成，如一字型和十字型旋杆、铰孔旋杆以及钢钻、测电笔等，旋松卡口即可调换上述工作配件。

2.扳手

扳手是一种用于拧紧或旋松螺栓、螺母等螺纹紧固件的装卸用手动工具。扳手通常由合金结构钢或碳素结构钢制成。它的一头或两头锻压成凹形开口或套圈，开口和套圈的大小随螺钉对边尺寸而定。扳手头部具有规定的硬度，中间及手柄部分则具有弹性。当扳手超负荷使用时，会在突然断裂之前先出现柄部弯曲变形。灯具实验室制作常用的扳手有活动扳手、梅花扳手、内六角扳手、套筒扳手等。

图 3-50　活动扳手

（1）活动扳手（如图3-50）

活动扳手由活动扳口、与手柄连成一体的固定扳口和调节蜗杆组成。调节蜗杆呈圆柱状，其轴向位置是固定的，只需绕淬硬的销轴转动就可以调节夹持扳口的大小。

（2）梅花扳手（如图3-51）

梅花扳手的两端带有空心的圈状扳口，扳口内侧呈六角、十二角的梅花形纹。梅花扳手两端分别弯成一定角度。由于梅花扳手具有扳口壁薄和摆动角度小的特点，在工作空间狭窄的地方或者螺母密布的地方使用最为适宜。常见的梅花扳手有乙字型（又称调匙型）、扁梗型和短颈型3种。在摆动角度小于60°的地方，可选择梅花扳手。

图 3-51　梅花扳手

（3）内六角扳手（如图3-52）

内六角扳手又称为"六角匙"，专门用于内六角螺钉的松紧作业。

内六角扳手通过转矩施加对螺钉的作用力，大大降低了使用者的用力强度，是工业制造业中不可或缺的得力工具。内六角扳手规格型号有：1、5、2、2、5、3、4、5、6、8、10、12、14、17、19、22、27、32、36。

内六角螺钉和内六角扳手的规格是一一对应的，要用对应型号的扳手，否则无法使用。例如12的螺钉就要用12的六角扳手。

图 3-52　内六角扳手

相比于其他扳手，内六角扳手有以下几个特点：结构很简单而且轻巧；内六角螺钉与扳手之间有六个接触面，受力充分且不容易损坏；可以用来拧紧孔中螺钉；扳手的直径和长度决定了它的扭转力；容易制造，成本低廉；扳手的两端都可以使用。

（4）套筒扳手（如图3-53）

套筒扳手专门用于扳拧六角螺母的螺纹紧固件。套筒扳手的套筒头是一个凹六角形的圆筒，用来套入六角螺母。套筒扳手一般都附有一套各种规格的套筒头以及摆手柄、接杆、旋具接头、万向接头、弯头手柄等，操作时，根据作业需要更换附件、接长或缩短手柄。有的套筒扳手还带有棘轮装置，当扳手顺时针方向转动时，棘轮上的止动牙带动套筒一起转动；当扳手沿逆时针方向转动时，止动牙可在棘轮的作用下提供辅助力，除了省力以外，还使扳手不受摆动角度的限制。

图3-53 套筒扳手

3.拉铆枪

拉铆枪是为解决金属薄板、薄管在焊接螺母时易熔，攻螺纹又易滑牙等缺点而设计的，适用于各类金属板材、管材等制造工业的紧固铆接。拉铆枪可以由单侧将多个板材一次性地加以紧固（连接），因此可以节省劳动力、降低成本、提高作业速度，从而广受欢迎。拉铆枪及其使用方法如图3-54、图3-55。

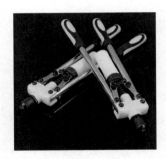

图3-54 拉铆枪

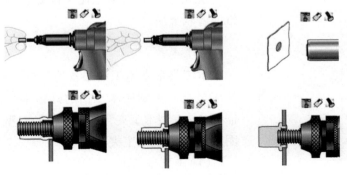

图3-55 拉铆枪使用方法

拉铆枪广泛地使用在汽车、航空、铁道、电梯、仪器、制冷、开关、家具、装饰等机电和轻工产品的铆接上。它可铆接不需要攻螺纹、不需要焊接螺母的拉铆产品，铆接牢固、效率高、使用方便。

4.台虎钳

台虎钳又称虎钳，是夹持、固定工件以便进行加工的一种工具，使用十分广泛（如图3-56）。台虎钳安装在钳工台上，以钳口的宽度为标定规格，常见规格从75～300mm。台虎钳的用途很广，钳工的基本操作錾削、锯割、锉削、套扣、矫正、弯曲、钻孔、攻螺纹等都要用到它。

图3-56 台虎钳

台虎钳结构主要有活动钳身、固定钳身、底座、丝杠等部分。活动钳身安装在固定钳身上，通过一根有梯形螺纹的丝杠被带动，在固定钳身槽内移动，从而使钳口开合。固定钳身连接在底座上，底座通过螺栓固定在钳工台上。台虎钳安装到钳工台上有固定钳身不能自由旋转和能自由旋转两种类型。

手柄通过丝杠带动钳身的运动，具有两个增力机构，一个为手柄的增力，一个为梯形螺纹传动的增力，增力比非常大，所以钳口的夹紧力是非常大的，可以可靠地固定住工件，从而保证作用在工件上的作用力比较大时工件不会发生任何移动。但也因为夹紧力太大，可能会夹伤工件表面，所以为保护工件表面不被损坏，需要在工件和台虎钳钳口之间垫上比工件要软的东西，比如纸或者软金属。

图3-57 F型木工夹

5.木工夹

木工夹是做木工活必备的工具，它结构简单、使用灵巧，是制作木工活的好帮手。按照外形特征可分为F型木工夹（如图3-57）、G型木工夹（如图3-58）、A型木工夹。

（1）F型木工夹

用手滑动活动臂，滑动时活动臂一定要与导

图3-58 G型木工夹

杆保持垂直，否则滑动不畅。滑动至工件宽度，把工件放在两个力臂之间，然后慢慢旋转活动臂上的螺杆螺栓，用来夹紧工件，调整到适合松紧度放手即可完成工件固定。

（2）G型木工夹

G型木工夹又叫虾弓码、C字夹等，通常采用高碳钢锻造而成，整体热处理，耐用性强，强度大。G型木工夹使用范围广泛、携带方便、操作相对简单，采用螺纹旋进式设计，只需调整螺杆螺栓来控制松紧，可以自由调节所要夹持的范围，夹持力量大。

6.扎带

扎带顾名思义为捆扎东西的带子，设计有止退功能，只能越扎越紧，也有可拆卸的扎带。一般按材质可分为尼龙扎带、不锈钢扎带、喷塑不锈钢扎带等，按功能则分为普通扎带、可退式扎带、标牌扎带、固定锁式扎带、插销式扎带、重拉力扎带等。

灯具制作中最常用的是塑料扎带，又称扎线、扎线带、束线带、尼龙扎带、捆扎带、绑扎带、电子扎带等，具有绑扎快速、绝缘性好、自锁紧固、使用方便等特点。

塑料扎带采用UL认可的尼龙-66料制成，防火等级为UL 94V-2，耐酸、耐腐蚀、绝缘性良好、不易老化、重量轻、安全无毒、承受力强，操作温度为-40～90℃。综合力学性能远远优于一般工程塑料，是代替铜、不锈钢及其他有色金属的理想材料。

二、手持电动工具

相对于手动工具而言，手持电动工具能够大幅度地提高工作效率、节省体力，更关键的是节约宝贵的时间。因此，在保证安全的前提下，应该尽量选择手持电动工具从事灯具模型的加工制作。

（一）手持电动工具的分类

① 从供电类型来看，手持电动工具可分为交流电动工具和直流电动工具两大类。

② 按用途的不同，手持电动工具可分为9种，分别是金属切削类、砂磨

类、装配类、林木类、农牧类、建筑类、矿山类、铁道类、其他类。

③ 按触电保护措施的不同，手持电动工具可分为3类，分别是Ⅰ类工具、Ⅱ类工具、Ⅲ类工具。（根据GB/T 3787—2017《手持式电动工具的管理、使用、检查和维修安全技术规程》规定。）

a.Ⅰ类工具：靠基本绝缘、双重绝缘或加强绝缘外加保护接零（地）线来防止触电；工具在防止触电的保护方面不仅依靠基本绝缘、双重绝缘或加强绝缘，而且它还包含一个附加的安全预防措施，其方法是将可触及的可导电的零件与已安装的固定线路中的保护接地导线连接起来，使可触及的可导电的零件在基本绝缘损坏的事故中不成为带电体。

b.Ⅱ类工具：采用双重绝缘或加强绝缘来防止触电，其额定电压超过50V。工具在防止触电的保护方面不仅依靠基本绝缘，而且它还依靠双重绝缘或加强绝缘的附加安全预防措施，没有保护接地的措施，也不依赖安装条件。这类工具外壳有金属和非金属两种，但手持部分是非金属，非金属处有"回"符号标志。

c.Ⅲ类工具：采用安全特低电压供电且在工具内部不会产生比安全特低电压高的电压来防止触电。这类工具额定电压不超过50V，且外壳均为全塑料。

（二）手持电动工具的使用安全要求

① 手持电动工具在使用前，外壳、手柄、负荷、插头、开关等必须完好无损，使用前必须做空载试验，经过设备、安全管理人员验收，确定符合要求，方能使用。

② 使用Ⅰ类手持电动工具必须按规定穿戴绝缘用品或站在绝缘垫上，并确保有良好的接零或接地措施，保护零线与工作零线分开，保护零线采用1.5mm以上多股软铜线。

③ 在一般场所，为保证安全，应当用Ⅰ类工具，并装设额定漏电动作电流不大于15mA、动作时间不大于0.1s的漏电保护器。Ⅱ类工具绝缘电阻不得低于7MΩ。

④ 狭窄场所（锅炉、金属容器、地沟、管道内等），宜选用带隔离变压器的Ⅲ类手持电动工具。隔离变压器、漏电保护器装设在狭窄场所外面，工作时应有人监护。

⑤ 露天、潮湿场所或在金属构架上作业必须使用Ⅱ类或Ⅲ类工具，并装设防溅的漏电保护器，严禁使用Ⅰ类手持电动工具。

⑥ 手持电动工具的负荷必须采用耐气候型的橡胶护套铜芯软电缆，并且不得有接头。

⑦ 手持电动工具在使用中不得任意调换插头，更不能不用插头，将导线直接插入插座内。当电动工具不用或需调换工作头时，应及时拔下插头。插插头时，工具开关应在断开位置，以防突然启动。

⑧ 手持电动工具的使用过程中要经常检查，如发现绝缘损坏、电源线或电缆护套破裂、接地线脱落、插头插座开裂、接触不良以及断续运转等故障时，应立即停机修理。

⑨ 移动手持电动工具时，必须握持工具的手柄，不能用拖拉橡胶软线来搬动工具，并随时注意防止橡胶软线擦破、割断和扎坏现象，以免造成安全事故。对于长期搁置未用的电动工具，使用前必须用500V兆欧表测定绕组与机壳之间的绝缘电阻值，应不得低于7MΩ，否则需进行干燥处理。

⑩ 电动工具应存放于干燥、清洁和没有腐蚀性气体的环境中。不适宜在含有易燃、易爆或腐蚀性气体及潮湿等特殊环境中使用。对于非金属壳体的电机、电器，在存放和使用时应避免与汽油等溶剂接触。

（三）实验室常用手持电动工具

1.电圆锯

电圆锯用于直线切割，根据需要还可以调整锯片的切入角度作斜切（如图3-59）。有电池版和电线版，电池版的使用方便，电线版的一般功率较大。

使用时的注意事项：

① 要固定好被切割的木板等工件。

② 为了防止跳锯，要两手握着电圆锯，稍稍往下施加压力。

图 3-59　电圆锯

③ 推锯子时要一直往前，如果在运作期间，把锯子往回拉的话，锯子有可能会反弹。

④ 在切割快结束时，要加快推进的速度，这样才能干脆利落地切断木材而不容易产生撕裂或者爆边。

特别提示：电圆锯是手持电动工具中危险性较大的一种，未经专业培训不

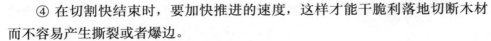

图 3-60　曲线锯

可擅自动用。

2.曲线锯

曲线锯既可以用于曲线切割也可以用于直线切割（如图3-60）。

曲线锯的使用特点：

① 锯片细长而且是上下移动的，类似于缝纫机的形式。

② 锯条的切割速度一般是可调的，初始切割时应选慢速挡，适应以后可以调高速度。

③ 由于锯片较细、强度有限，所以切割的工件不宜过厚，一般应在20mm以内，否则会出现严重偏移。

④ 曲线锯非常灵活，可以切割得非常精准。如果需在一块板中间开一个洞，可以配合电钻先在板中间钻孔，然后以此为切入点，用曲线锯把中间的板材切掉，从而加工出较大的圆洞。

⑤ 根据需要可以换不同的锯条使用。一般是选择小锯齿的锯条作精细的切割，大锯齿的用于快速切割，而锯齿朝下的锯条有助于减少工件顶部受损的可能性。

⑥ 用曲线锯切割直线时，应用靠山加以辅助，否则无法切割出较为标准的直线。

⑦ 曲线锯的安全系数要高于电圆锯，一般可以用曲线锯、电圆锯完成的切割任务应优先选用曲线锯。

3.电木铣

电木铣是现代木工的标志性工具，可以开槽、钻孔、做榫、雕花、镂空、修边、用途广泛（如图3-61）。

图 3-61　电木铣

电木铣其实是一个带动铣刀高速旋转的手持式电机，其转速可以高达25000r/min。电机装在一个基座上，可以通过调整改变切割深度。电木铣分为固定转速的和可调速的两种。因为在较低的转速下机器相对安静，所以可调速的电木铣噪声较低。可调速的电木铣的实用性更强，因为直径较大的铣刀应该在转速较低的情况下运转。

电木铣只是一个工具平台，通过安装不同形状的刀头，实现不同的功能，加工出不同的线型。因此，不同的刀头才是电木铣实现丰富功能的关键所在。用于修边、修平和制作搭口槽的铣刀通常附有轴承，其功能类似于靠山，使用之前要检查轴承的流畅程度。

电木铣铣刀的刀头一般是用高速钢或者硬质合金做的。硬质合金比较贵，但是相比于高速钢，它能保持锋利的时间要长得多，所以是物有所值。

4.手电钻

手电钻也称为手枪钻（如图3-62），是最为常用的手持电动工具，分为蓄电池供电式和电线供电式两种（即充电型和插电型）。手电钻通常用作金属材料、木材、塑料等钻孔的工具；当装有正反转开关和电子调速装置后，也可用来作电螺丝刀。

图 3-62　手电钻

手电钻使用的钻头主要包括麻花钻头、三尖钻头、金刚石钻头、开孔器。

① 麻花钻头：麻花钻头的使用最为广泛，通常用于铁、铝合金、塑料、木材等材料上开孔，但定位不准确，易打歪。

② 三尖钻头：三尖钻头的前端有一个尖锐的突起，用于钻头的初始定位，这种钻头能够满足比较精准的开孔要求。

③ 金刚石钻头：金刚石钻头的前端添加有金刚石，用于玻璃、陶瓷等坚硬材质的打孔作业。

④ 开孔器：开孔器主要用于加工较大直径的空洞，也称为开孔锯或孔锯，指现代工业或工程中加工圆形孔的一种锯切类特殊圆锯，操作简单灵活、携带方便、使用安全、用途广泛。开孔器根据不同大小的圆孔需求，具有不同的孔径和规格，同时根据开孔时的深度不同，又分为标准型开孔器和深载型开孔器两类。开孔器安装在普通电钻上，就能方便地在铜、铁、不锈钢、有机玻璃等各种板材的平面、球面等任意曲面上进行圆孔切割。

5.角磨机

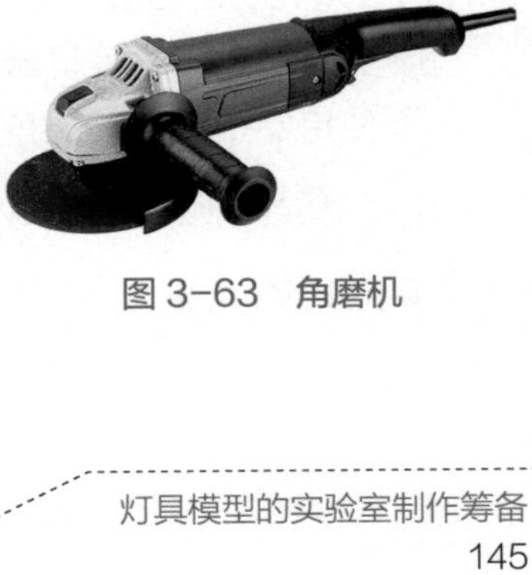

角磨机是多用途手持电动工具，具有轻便、操作灵活等优点（如图3-63），可以对钢铁、石

图 3-63　角磨机

材、木材、塑料等多种材料进行加工。

角磨机利用高速旋转的薄片砂轮以及橡胶砂轮、钢丝轮等对金属构件进行磨削、切削、除锈、磨光加工。角磨机适合用来切割、研磨及刷磨金属与石材，作业时不可使用水。针对配备了电子控制装置的机型，如果在此类机器上安装合适的附件，也可以进行研磨及抛光作业。

角磨机的转速很高，在手持式电动工具中属于危险系数较高的工具，操作不当可能会产生安全事故，未经培训不得私自使用。

角磨机的使用注意事项很多，主要可以归纳为以下几点：

① 使用前一定要检查角磨机是否有防护罩、防护罩是否稳固，以及角磨机的磨片安装是否稳固。

② 严禁使用已有残缺的砂轮片，切割时应防止火星四溅，防止溅到他人，并远离易燃易爆物品。

③ 接电之前务必检查电源线是否有破损，如果有破损就禁止使用。

④ 要戴保护眼罩，穿好合适的工作服，不可穿过于宽松的工作服，不可戴首饰或披散长发，严禁戴手套及不扣袖口而操作。

⑤ 接电前要确定角磨机的开关处于关闭状态。

⑥ 角磨机的转速很高，在开动的瞬间会产生一个明显的扭力，必须要用力抓稳，否则有可能会发生机器脱手的现象，严重的话会造成安全事故。

⑦ 开机以后，要等待砂轮转动稳定后才能工作。

⑧ 切割不能向着人，以免碎屑飞出伤人。

⑨ 连续工作半小时后要停十五分钟，待其散热后再用。长期使用后，机器应在空载速度下运行较短的时间，以便冷却电机。

⑩ 用角磨机切割或打磨时要稳握角磨机手把，均匀用力；切忌心急求快，用力推压，否则可能会引起砂轮片爆裂。

⑪ 不能用手抓着小零件对角磨机进行加工。

⑫ 出现不正常声音，或过大振动或漏电，应立刻停车检查；维修或更换配件前必须先切断电源，并等锯片完全停止。

⑬ 关机后，必须等机器完全停止才能放下。

⑭ 使用完毕后必须把角磨机的启动开关关闭，并切断电源。

6.手持式砂光机

手持式砂光机能大大地提高打磨效率，节省宝贵的时间和体力（如

图3-64)。砂光机主要以砂纸或者砂带为工作的媒介，对工件进行打磨。不同的砂光机有不同尺寸和运动方式，最好选择随机轨道的砂光机，这样在打磨后不会留下明显的打磨痕迹。

使用手持式砂光机的时候注意不要大力往下压，这样容易因受力不均让木件产生打磨不均匀的效果。

使用手持式砂光机打磨的时候，应遵循先用粗砂纸快速打磨，再用细砂纸精细打磨的步骤，以取得速度和质量之间的平衡。

图3-64　手持式砂光机

手持式砂光机工作时的噪声和粉尘都比较大，长时间使用会对呼吸道、听觉造成较大影响，要做好相关的劳保工作，如佩戴好防尘口罩、隔声耳塞等。

7. 电烙铁

电烙铁是电子制作和电气维修的必备工具，主要用途是焊接元件及导线，按机械结构可分为

图3-65　电烙铁

内热式电烙铁和外热式电烙铁，按功能可分为无吸锡电烙铁和吸锡式电烙铁，根据用途不同又分为大功率电烙铁和小功率电烙铁（如图3-65）。

电烙铁的使用要点：

① 选用合适的焊锡，应选用焊接电子元件用的低熔点焊锡丝。

② 助焊剂，用25%的松香溶解在75%的酒精（重量比）中作为助焊剂。

③ 电烙铁使用前要上锡，具体方法是：将电烙铁烧热，待刚刚能熔化焊锡时，涂上助焊剂，再将焊锡均匀地涂在烙铁头上，使烙铁头均匀粘上一层锡。

④ 焊接时要把焊盘和元件的引脚用细砂纸打磨干净，涂上助焊剂。用烙铁头沾取适量焊锡，接触焊点，待焊点上的焊锡全部熔化并浸没元件引线头后，电烙铁头沿着元件的引脚轻轻往上一提离开焊点。

⑤ 焊接时间不宜过长，否则容易烫坏元件，必要时可用镊子夹住引脚帮助散热。

⑥ 焊点应呈正弦波峰形状，表面应光亮圆滑、无锡刺，锡量适中。

⑦ 集成电路应最后焊接，电烙铁要可靠接地，或断电后利用余热焊接。或者使用集成电路专用插座，焊好插座后再把集成电路插上去。

⑧ 焊接完成后，要用酒精把线路板上残余的助焊剂清洗干净，防止炭化后的助焊剂影响电路正常工作。

⑨ 电烙铁不可直接放在桌子上，应放在电烙铁架上。

三、机械设备

机械设备种类繁多，运行时，其一些部件甚至其本身可进行不同形式的机械运动。机械设备由驱动装置、变速装置、传动装置、工作装置、制动装置、防护装置、润滑系统、冷却系统等部分组成。

（一）机械设备的特点

与手持电动工具相比，机械设备有以下特点：

① 一般体量较大，安装于固定的位置，不可以随意移动。

② 功率较大，工作的效率更高。

③ 机器运行更加平稳，加工精度更高。

④ 惯性较大，难以瞬间停止，因此一旦出现危险情况，危害更大。

⑤ 必须经过培训才可以使用。

（二）机械设备的安全隐患

机械设备可造成碰撞、夹击、剪切、卷入等多种伤害，其主要危险部位如下：

① 旋转部件和成切线运动部件间的咬合处，如动力传输带和带轮、链条和链轮、齿条和齿轮等。

② 旋转的凸块和空洞处，含有凸块或空洞的旋转部件是很危险的，如风扇叶、凸轮、飞轮等。

③ 对向旋转部件的咬合处，如齿轮、混合辊等。

④ 旋转的轴，包括连接器、芯轴、卡盘、丝杠和杆等。

⑤ 旋转部件和固定部件的咬合处，如辐条手轮或飞轮和机床床身、旋转搅拌机和无防护开口外壳搅拌装置等。

⑥ 接近类型的部件，如锻锤的锤体、动力压力机的滑枕等。

⑦ 单向滑动部件，如带锯边缘的齿、砂带磨光机的研磨颗粒、凸式运动带等。

⑧ 通过类型的部件，如金属刨床的工作台及其床身、剪切机的刀刃等。

⑨ 旋转部件与滑动部件之间，如某些平板印刷机面上的机构、纺织机床等。

总而言之，机械设备所有的活动部分都有着安全隐患。

（三）灯具制作中常用的机械设备

在实验室开展的灯具制作实践中，常用的机械设备包括：木工带锯机、精密推台锯、拉锯、钻床、车床、磨床、弯管机、开榫机、木工压刨机、水幕喷漆机、电焊机、干燥箱等。

1.木工带锯机

木工带锯机（如图3-66），是指以环状无端的带锯条为锯具，绕在两个锯轮上做单向连续的直线运动来锯切木材的锯机。其主要由床身、锯轮、上锯轮升降和仰俯装置、带锯条张紧装置、锯条导向装置、工作台、导向板等组成，床身由铸铁或钢板焊接制成。

图 3-66　木工带锯机

（1）木工带锯机的操作要点

① 作业前应调整锯条使其松紧适宜，齿顶高出飞轮端面一些。

② 根据需求调整作业台斜度时，要注意勿碰锯条和锯卡，作业完毕后要及时将作业台调平。

③ 锯料时送料进给量禁止过大，如因送料过大使锯条转速减慢时，应立即将木材稍往回撤，待转速恢复正常后再送料。

④ 作业后将上飞轮降低使锯条放松，这有利于延长锯条的使用寿命。

（2）操作故障及排除

机床在锯割时，常见故障主要是锯条断裂、掉条及锯出木料弯曲等。

① 锯条断裂：机床运转时，锯条前后窜动，并有破碎声等不正常现象，锯条有可能出现了较大的裂缝，应立即停车检查。锯条断裂一般有如下3个方面的原因：

第一：锯机原因。

a.锯机振动，轴承磨损。应加固机床，更换轴承，使其稳定。

b.锯轮轮面不平。应平整轮缘面。

c.张紧装置失灵，重锤过重。检查张紧装置，将重锤调整至适当。

d.上、下锯轮偏扭，不在同一"垂直平面上"。应调整校准上、下锯轮。

第二：锯条原因。

a.锯条硬脆，韧性小。应选用韧性好的锯条。

b.锯轮小，锯条厚。应选用与锯轮适应的锯条。

c.适张度过大或过小。适张度应修整至适中。

d.接头不牢，修整不良。接头应焊接牢，修整好。

e.锯条使用时间过长，锯齿不锋利。锯齿应修锉锋利，使用时间限制在两小时内。

f.锯条已有裂纹，勉强使用。裂缝根部钻一小孔，避免扩大；若过大时，应截断重接。

第三：操作原因。

a.进料速度过大。进料速度应根据具体情况，灵活掌握。

b.进料过猛，或遇节不减速。进料应平稳，遇节应减速。

c.锯轮上有树脂，锯末沾得过厚。应及时刮掉树脂锯末。

② 掉条：锯条随锯轮运转时，前后移动或突然进出，这种情况称为掉条。有如下4个原因：

a.上轮倾斜。应调整上轮。

b.锯轮外径锥度过大，且锯轮不平。应精车精磨，平整轮缘面。

c.木料出现劈裂，回料时卡住，将其拉掉。操作时应注意木料缺陷。

d.夹锯发热、适张度降低甚至消失。应清除锯轮和锯条上的树脂锯末及锯卡上的杂物，并经常刷油。

③ 锯出木料弯曲：一般有如下3个方面原因：

第一：锯机原因。

a.张紧装置不灵，重锤过轻。一般修理张紧装置，加重重锤。

b.锯轮轮缘面磨损，前后直径不一。应车磨轮缘面。

第二：锯条原因。

a.齿形不正，齿室过小，锯条狭窄且偏向。应纠正齿形、增大齿室，调整加大锯路。

b.适张度不均，口松。应调整适张度。

c.接头过多，修整不当。尽可能使锯条接头少，或对接头多的锯条给予特别修理。

第三：操作原因。

a.上、下手送接不一致。思想集中，上、下手步调一致。

b.锯卡过松或过偏。应调整好锯卡。

c.进料速度过快，不均匀。进料保持平稳，遇节减速。

d.锯轮和锯条沾有树脂锯末。应及时清除。

e.锯齿已钝，不能继续使用，锯条不良，不要勉强使用。

2.精密推台锯

精密推台锯带有精细的刻度，可以对国际标准尺寸（1220mm×2440mm）的整块人造板进行精密切割，也可以单独作为普通圆锯机使用（如图3-67）。

图 3-67　精密推台锯

（1）精密推台锯的构成

精密推台锯主要由以下部分构成：机架、主锯、槽锯部、横向导向挡板、固定工作台、滑动推台、斜锯导板、托架、斜锯角度显示装置、侧向导向挡板等。

移动工作台是推台锯的关键部分，也是其区别于普通圆锯机的主要部分。移动工作台由托架、下导轨、滚轮、推台面等部分组成，其显著特点是：

① 附有稳重轻便的托架，运行平稳。

② 操作轻便省力、推动行程大、裁幅开度大。

③ 移动工作台的设置和主锯片可作45°的调整，扩大了锯机的使用范围，有的锯机还附设有铣削装置，可以进行宽度在30 ~ 50mm之间的沟槽和企口加工。

（2）精密推台锯的操作要点

作业前：

① 必须确保锯片垫和螺母以及各部位的螺栓紧固，如有松动的情况，必

须拧紧后，方可启动设备。

② 检查锯片是否锋利，锯片必须平整，锯齿尖锐，不得连续缺齿两个及以上，裂纹长度不得超过20mm，裂缝末端须冲止裂孔。

③ 检查锯片旋转方向，确保锯片旋转方向正确。

④ 检查台面上是否有扳手、螺栓等异物，保证台面清洁方可作业。

⑤ 检查靠山定板块在定位时是否松动或变形，保证定位板完好固定。

⑥ 确认无误后打开吸尘阀门准备作业。

⑦ 试机约1分钟，确认推台锯运转正常方可使用。

作业中：

① 待锯片达到额定转速后方可放料工作；工作台面禁止放重物或重压，以免工作台面变形，影响加工精度。

② 当推台锯发生异常时，应该立即切断电源，并停止作业，派专人进行维修调整，不得"带病"工作。

③ 必须在圆锯片有保护罩的情况下操作设备；进料时木材一定要紧靠工作台和靠板，严禁手部靠近锯片，以免造成危险。

④ 对于加工的材料一定要仔细检查，确认木料的锯切处是否有异物，如铁钉、砂石等，以免造成异物飞出或者损坏锯片。

⑤ 如锯线走偏，应逐渐纠正，不得猛扳，以免损坏锯片。

⑥ 操作人员不得面对与锯片旋转的离心力方向操作，手臂不得跨越锯片工作。

作业后：

① 切断电源，为机器除尘，将余料清理干净，为各部件加注润滑油。

② 要保持轨道和传动轮的清洁，一般用沾黄油的软布擦拭。

③ 机床操作完毕后须切断电源，并等到机床完全停止后才能离开。

3.钻床

图3-68 钻床

钻床指主要用钻头在工件上加工孔的机床，是具有广泛用途的通用性机床（如图3-68）。通常钻头旋转为主运动，钻头轴向移动为进给运动。钻床结构简单，加工精度相对较低，可钻通孔、盲孔，更换特殊刀具，可扩孔、锪孔、铰孔或进行攻螺纹等加工。加

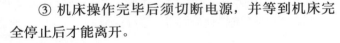

工过程中工件不动，让刀具移动，将刀具中心对正孔中心，并使刀具转动（主运动）。

（1）钻床的分类

钻床是机械制造和各种修配工厂必不可少的设备。根据用途和结构主要分为以下4类。

① 立式钻床：工作台和主轴箱可以在立柱上垂直移动，用于加工中小型工件。

② 台式钻床：简称台钻，是一种小型立式钻床，最大钻孔直径为12～15mm，安装在钳工台上使用，多为手动进钻，常用来加工小型工件的小孔等。

③ 摇臂式钻床：主轴箱能在摇臂上移动，摇臂能回转和升降，工件固定不动。其适用于加工大而重和多孔的工件，广泛应用于机械制造中。

④ 深孔钻床：用深孔钻钻削深度比直径大得多的孔（如枪管、炮筒和机床主轴等零件的深孔）的专门化机床。为便于清除切屑及避免机床过于高大，深孔钻床一般为卧式布局，常配有冷却液输送装置（由刀具内部输入冷却液至切削部位）及周期退刀排屑装置等。

（2）钻床的操作要点

① 工作前必须全面检查各操作机构是否正常，将摇臂导轨用细棉纱擦拭干净并按润滑油牌号注油。

② 摇臂回转范围内不得有障碍物。

③ 摇臂和主轴箱各部锁紧后，方能进行操作。

④ 开钻前，钻床的工作台、工件、刃具、夹具，必须找正、紧固。

⑤ 正确选用主轴转速、进刀量，不得超载使用。

⑥ 超出工作台进行钻孔时，工件必须平稳。

⑦ 机床在运转及自动进刀时，不许改变速度，若变速只能待主轴完全停止，才能进行。

⑧ 装卸刃具及测量工件，必须在停机中进行，不许直接用手拿工件钻削，不得戴手套操作。

⑨ 工作中发现有不正常的响声，必须立即停车检查、排除故障。

4.车床

车床是主要用车刀对旋转的工件进行车削加工的机床（如图3-69）。其可

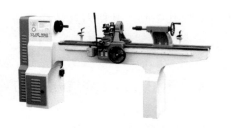

图 3-69　仿形木工车床

用于加工木材、塑料、金属等材质，主要用来加工外圆、内圆和螺纹等形体，也可以用于其他工具的保养维护，因而是工业生产及实验室加工中不可缺少的设备。

（1）车床的构成

① 主轴箱：又称床头箱，它的主要任务是将主电机传来的旋转运动经过一系列的变速机构使主轴得到所需的正反两种转向的不同转速，同时主轴箱分出部分动力将运动传给进给箱。主轴箱中的主轴是车床的关键零件。主轴在轴承上运转的平稳性直接影响工件的加工质量，一旦主轴的旋转精度降低，则机床的使用价值就会降低。

② 进给箱：又称走刀箱，进给箱中装有进给运动的变速机构，调整其变速机构，可得到所需的进给量或螺距，通过光杠或丝杠将运动传至刀架以进行切削。

③ 溜板箱：是车床进给运动的操纵箱，内装有将光杠和丝杠的旋转运动变成刀架直线运动的机构，通过光杠传动实现刀架的纵向进给运动、横向进给运动和快速移动，通过丝杠带动刀架做纵向直线运动，以便车削螺纹。

④ 丝杠与光杠：用以连接进给箱与溜板箱，并把进给箱的动力传给溜板箱，使溜板箱获得纵向直线运动。丝杠是专门用来车削各种螺纹的，在进行工件的其他表面车削时，只用光杠，不用丝杠。需要结合溜板箱的内容区分光杠与丝杠。

⑤ 刀架：由两层滑板（中、小滑板）、床鞍与刀架体共同组成。用于安装车刀并带动车刀做纵向、横向或斜向运动。

⑥ 尾架：安装在床身导轨上，并沿此导轨纵向移动，以调整其工作位置。尾架主要用来安装后顶尖，以支撑较长工件；也可安装钻头、铰刀等进行孔加工。

⑦ 冷却装置：主要通过冷却水泵将水箱中的切削液加压后喷射到切削区域，降低切削温度，冲走切屑，润滑加工表面，以提高刀具使用寿命和工件的表面加工质量。

⑧ 床身：车床中带有精度要求很高的导轨（山形导轨和平导轨）的一个大型基础部件。用于支撑和连接车床的各个部件，并保证各部件在工作时有准确的相对位置。

（2）车床的类型

实验室灯具制作过程中常用的车床有普通车床、转塔和回转车床、自动车床、仿形车床等。

① 普通车床：普通车床加工对象广，主轴转速和进给量的调整范围大，能加工工件的内外表面、端面和内外螺纹。这种普通车床主要由工人手工操作，生产效率低，适用于单件、小批生产和修配车间使用。

② 转塔和回转车床：这种车床具有能装多把刀具的转塔刀架或回轮刀架，方便工人在工件的一次装夹中依次使用不同刀具完成多种工序，适用于成批生产。

③ 自动车床：自动车床能按一定程序自动完成中小型工件的多工序加工，可自动上下料，重复加工一批同样的工件，适用于大批、大量生产。

④ 仿形车床：仿形车床能仿照样板或样件的形状尺寸，自动完成工件的加工循环。仿形车床适用于形状较复杂的工件的小批和成批生产，生产效率比普通车床高 10～15 倍。有多刀架、多轴、卡盘式、立式等类型的仿形车床。

（3）车床技术安全操作要点

① 工作前按规定润滑机床，检查各手柄是否到位，并开慢车试运转五分钟，确认一切正常方能操作。

② 卡盘夹头要上牢，开机时扳手不能留在卡盘或夹头上。

③ 工件和刀具装夹要牢固，刀杆不应伸出过长（镗孔除外）；转动小刀架要停车，防止刀具碰撞卡盘、工件或划破手。

④ 工件运转时，操作者不能正对工件站立，身体不能靠车床，谨防工件或者碎屑飞溅伤人。

⑤ 高速切削时，应使用断屑器和挡护屏。

⑥ 禁止高速反制动，退车和停车要平稳。

⑦ 清除铁屑时，应用刷子或专用钩。

⑧ 用锉刀打光工件，必须右手在前，左手在后；用砂布打光工件，要用"手夹"等工具，以防绞伤。

⑨ 车床工作时，禁止打开或卸下防护装置。

⑩ 所有在用工、量、刃具应放于附近的安全位置，做到整齐有序。

⑪ 车床未停稳时，禁止在车头上取工件或测量工件。

⑫ 下课前，应清扫和擦拭车床，并将尾座和溜板箱退到床身最右端。

图 3-70 弯管机

5.弯管机

弯管机大致可以分为数控弯管机、液压弯管机等（如图3-70），主要用于电力施工、公路铁路建设、锅炉、桥梁、船舶、家具、灯具、装潢等方面的管道铺设及管件修造成型，具有功能丰富、结构合理、操作简单等优点。液压弯管机相对于数控弯管机而言具有价格便宜、使用方便的特点，而且除具备弯管功能外，还能将油缸作为液压千斤顶使用，在国内弯管机市场占据主导位置。

（1）弯管机操作前的准备要点

① 机床必须良好地接地，导线为横截面积不小于$4mm^2$的铜质软线。不允许接入超过规定范围的电源电压，不能用兆欧表测试控制回路，不能带电插拔插件，否则可能会损坏器件。

② 在插拔接插件时，不能拉拔导线或电缆，以防焊接点被拉脱。

③ 不能用尖锐物碰撞显示单元。

④ 接近开关、编码器等不能用硬物撞击。

⑤ 不得私自加装、改接PC输入输出端。

⑥ 电气箱必须放在通风处，禁止在尘埃和腐蚀性气体中工作。

⑦ 调换机床电源时必须重新确认电机转向。

⑧ 机床应保持清洁，特别应注意夹紧块、滑块等滑动槽内不应有异物。

⑨ 定期在链条及其他滑动部位加润滑油。

⑩ 在清洗和检修时必须断开电源。

⑪ 开车前准备：检查油箱油位是否到油位线，各润滑点加油（角度编码器处于不允许加油状态）；开机确认电机转向，检查油泵有无异常声音，检查液压系统有无漏油现象。

⑫ 模具调整：模具安装要求模具与夹紧块对中心，夹紧块可用螺栓调节；助推块与模具对中心，助推块可调；芯头与模具对中心，松开芯头架螺栓，调整好中心后紧固螺栓。

⑬ 压力调整：用电磁溢流阀调整压力，保证系统压力达到需要的工作压力，一般不高于12.5MPa。

（2）弯管机操作要点

① 机床工作时，所有人员禁止进入转臂及管件扫过的空间范围。

② 调整机床（模具）时，应由调整者自己按动按钮进行调整。严禁一个人在机床上调整，另一个人在控制柜上操作。

③ 机床液压系统采用YA-N32普通液压油（原牌号20号），正常情况下每年更换一次，更换时滤油网必须同时清洗。

④ 手动调整侧推油缸速度时，转臂应旋转至≥90°时进行调整，调整速度与转臂转动弯管模具边缘的线速度同步，禁止在手动状态下侧推推进速度大于旋转模具边缘的线速度。

⑤ 调整机床或开空车时应卸下芯杆。

⑥ 液压系统压力不可大于14MPa。

⑦ 自动操作时在有芯弯曲模式中，弯臂返回前，操作人员必须保证芯头在管子里面，或确保芯轴在弯臂返回时没有阻挡现象，否则，芯头或芯杆有可能被折弯或折断。

⑧ 一般机器使用一段时间后应检查链条的张紧程度，保持上下链条松紧一致。

⑨ 工作结束后，切断电源，做好清洁润滑工作。

6.开榫机

开榫机是加工木制品榫头（阳榫）的木工机床（如图3-71）。开榫机有直榫开榫机和燕尾榫开榫机两类，前者又分为单头和双头两种，后者又分为立式和卧式两种。

（1）开榫机的类型

① 单头直榫开榫机：单头直榫开榫机有4～6根主轴，分别由单独的电动机驱动。6轴开榫机有4个工位，各轴的配置为1个圆锯轴、2个水平铣刀轴、2个垂直铣刀轴和1个中槽铣刀轴，分别用来截齐端头和铣削榫颊、榫肩、中槽。刀轴距离可以调节，工件夹紧在活动工作台上，用手推送至各刀轴处加工。

图3-71 开榫机

② 双头直榫开榫机：双头直榫开榫机实际上是两台位于工件两侧的单头直榫开榫机的组合，用于两端同时开榫。工件被压紧在两条同步运转的履带送

料装置上向刀轴进给。移动活动立柱可调节榫槽宽度，这种榫槽机生产率高，适用于大批量生产。

③ 燕尾榫开榫机：燕尾榫开榫机用于加工贯通燕尾榫或半隐燕尾榫。燕尾形铣刀装在垂直主轴上，两块板料工件互相垂直地夹紧在工作台上。工作台沿靠模做"U"字形轨迹的运动，同时加工出阴阳燕尾榫。此外，也有工作台固定，刀轴做"U"字形轨迹运动的方式。

（2）开榫机的操作规范

① 先点动开关，看刀轴转向是否正确，一切正常后方可启动；推动移动工作台，工件开始接触齐头锯片时速度应慢一点，之后用适宜的速度进行加工。

② 装夹工件时，工件应排列整齐，伸出合适的长度，一般为3～5mm，要求木方应平直、厚度相等。当被加工木方不够宽，侧边夹不住时，应用其他木方垫上，以保证装夹牢固。

③ 开榫刀的上刀头与下刀头伸出的长度或刀片装夹位置不一致时，可能使开出的榫肩上下肩长度不一样，必须对开榫刀上下刀轴水平位置进行调整，使其保持一致。

④ 开榫刀的拖板导轨长时间工作，会产生松动，使开榫刀轴倾斜，有可能造成开出的榫里大外小，应紧固导轨侧面的锁紧螺栓，将导轨的间隙调整合适。

⑤ 如果工作台的台面不水平，沿滑轨方向倾斜，将会出现开出的榫肩高度不一样、一头大一头小或者第一个加工件与最后一个加工件榫肩高度有明显差异等问题，这时就需对工作台进行调整。

⑥ 维修或维护后，将所有的安全装置或防护罩盖回原处，才可以重新启动机器。

（3）开榫机工作时的注意事项

① 使用机器前，必须经过培训，且要在实验员老师的陪同下工作熟练后方可单独工作。操作人员因事要离开岗位时必须先关机，杜绝在操作中与人攀谈、嬉闹。

② 操作人员在操作时须穿适当的衣服，请勿穿戴易卷入机器的衣物（如领带、项链、宽松衣服等），不准戴手套，非相关人员不得接近工作机器。

③ 刀具有锋利的刀刃，机器运作时人应远离运转的刀具，但即使在静止状态下也有可能导致受伤。因此与刀具接触应特别小心，需戴手套操作。

④ 装入机器的刀具必须做好运动平衡实验。不得使用有裂纹、缺损的刀具，否则会损坏机器。

⑤ 开机前必须检查刀轴螺母是否上紧。用手转动刀轴，检查其是否旋转自如。

⑥ 机器运转异常时，应立即停机交专业人员检修，检修时确保电源断开。

7. 木工压刨机

木工压刨机是对木材表面进行一次或者多次的刨切，使得木材的相对面（相对于基准面）具有一定的光洁平面和工艺设计需要的厚度，便于下一个工序的加工的设备（如图3-72）。

图 3-72　木工压刨机

（1）木工压刨机的主要功能

① 刨。可以把木材刨平、刨直。

② 裁口。木框条都需要裁口，用它可以一气呵成，裁口的宽度与深度都可以调节。

③ 开孔打眼。附带有打眼的钻头，可以打榫眼。

④ 附带的锯片可以锯一些小型的原木方，按照电机的功力大小，决定能够锯多少厚度的木方。

⑤ 有的还有车削配件，但这种工具一般都不会使用到。

（2）木工压刨机的使用注意事项

① 使用木工压刨机时，送料和接料不准戴手套，并应站在机床的一侧。

② 进料必须平直，发现材料走横或卡住，应停机降低台面拨正，遇硬节减慢送料速度。

③ 送料时手指必须离开滚筒200mm以外，接料必须待料走出台面。

④ 刨短料时，长度不得短于前后压滚距离，厚度不得小于10mm，并须垫托板。

8. 电焊机

电焊机利用电感的原理，其电感量在接通和断开时会产生巨大的电压变化，利用正负两极在瞬间短路时产生的高温电弧来熔化电焊条上的焊料，来使它们达到原子结合的目的（如图3-73）。

电焊机的结构并不复杂，就是一个大功率的变

图 3-73　电焊机

压器。电焊机一般按输出电源种类可分为两种，一种是交流电源，一种是直流电源。

电焊操作的注意事项如下。

① 焊工为特殊工种，身体检查合格，并经专业安全技术学习、训练和考试合格，持有"特殊工种操作证"后，方能独立操作。

② 焊接操作及配合人员必须按规定穿戴劳动防护用品，并必须落实好防止触电、防坠落、防中毒、防火灾等的安全措施。

③ 电焊机必须设单独的电源开关、自动断电装置；电焊机的外壳必须设可靠的接零或接地保护，符合安全规定。使用前应检查并确认一次线、二次线接线正确，输入电压符合电焊机的铭牌规定。接通电源后，严禁接触一次线路的带电部分。一次接线、二次接线处必须装有防护罩。

④ 多台电焊机集中使用时，应分接在三相电源网络上，使三相负载平衡。多台焊机的接地装置，应分别由接地极处引接，不得串联。

⑤ 电焊机必须安放在通风良好、干燥、无腐蚀介质、远离高温和粉尘的地方；露天使用的焊机应搭设防雨棚，焊机应用绝缘物垫起，垫起高度不得小于200mm，按规定配备消防器材。

⑥ 二次抽头连接铜板应压紧，接线柱应有垫圈；合闸前，应详细检查接线螺母、螺栓及其他部件并确认完好齐全、无松动或损坏。

⑦ 焊接现场10m范围内，不得堆放油类、木材、氧气瓶、乙炔瓶等易燃、易爆物品；落实好防雨、防潮、防晒等措施。

⑧ 移动电焊机时，应切断电源，不得用拖拉电缆的方法移动焊机。当焊接中突然停电时，应立即切断电源。

⑨ 接地线及手把线都不得搭在易燃、易爆和带有热源的物品上；接地线必须接到现场，不得接在管道、机床设备或其他建筑物金属构架上，接地线绝缘应良好，接地电阻不大于4Ω。

⑩ 焊接铜、铝、锌、锡、铅等有色金属时，必须在通风良好的地方进行，焊接人员应戴防毒面具。

⑪ 在容器内施焊时，必须采取以下的措施：容器上必须有进、出风口，并设置通风设备；容器内的照明电压不得超过12V；焊接时必须有人在场监护；严禁在已喷涂过油漆或胶料的容器内焊接。

⑫ 焊接预热件时，应设挡板隔离预热焊件发出的辐射热。

⑬ 严禁在运行中的压力管道、装有易燃易爆物的容器和受力构件上进行

焊接。

⑭ 雨天不得露天电焊；在潮湿地带工作时，操作人员应站在铺有绝缘物的地方并穿好绝缘鞋。

⑮ 电焊钳应有良好的绝缘和隔热能力，电焊钳握柄必须绝缘良好，握柄与导线连接应牢靠，接触良好，连接处应采用绝缘布包好并不得外露；操作人员不得用胳膊夹持焊钳。

⑯ 仰面焊接应扣紧衣领、扎紧袖口、戴好防火帽；清除焊缝焊渣时，应戴防护眼镜，头部应避开敲击焊渣飞溅方向。

⑰ 长期停用的电焊机，使用时须用兆欧表检查其绝缘电阻不得低于0.5MΩ，接线部分不得有腐蚀和受潮现象。

⑱ 电焊机使用完毕后必须放置在规定地点，电焊线使用完毕后必须回收，并做好检查维护。

9.干燥箱

干燥箱有不同的种类，其中热鼓风干燥箱、电子恒温干燥箱是普通实验室必备的实验仪器（如图3-74）。顾名思义，干燥箱一般常用于干燥、烘焙、灭菌、固化等用途使用。

图3-74 干燥箱

（1）鼓风干燥箱的使用步骤

① 样品放置：把需干燥处理的物品放入干燥箱内，上下四周应留存一定空间，保持工作室内气流畅通，然后关闭箱门。

② 风门调节：根据干燥物品的潮湿情况，把风门调节旋钮旋到合适位置，风门开口越大，水汽排出越快，因此可以控制物品干燥的速度。

③ 开机：打开电源及风机开关。此时电源指示灯亮，电机运转；控温仪显示经过"自检"过程后，PV屏应显示工作室内测量温度，SV屏显示干燥过程中的设定温度，此时干燥箱即进入待机工作状态。

④ 设定所需温度：根据工件的材质、大小等因素，设定干燥箱的工作温度。如没有足够把握，可以先设定较低温度进行试验，后续再根据前期实验结果逐步提升干燥温度，直到获得较佳的工作温度。

⑤ 定时的设定：若使用定时，可在PV屏上设定所需时间（分）；设置完毕，按一下SET键，使干燥箱进入工作状态。

⑥ 干燥作业：打开加热电源，正式进入干燥作业状态。可以用电子显示屏监控当前机器内部的工作温度，并通过观察窗口密切观测工件的干燥状态，如果出现不良效果可关掉加热开关，停止温度的继续升高。

⑦ 开箱：干燥结束后，必须根据屏幕显示数据，确认温度降到50℃以下或者室温附近，再开启箱门，谨防烫伤。过于剧烈的温度变化也可能造成工件损坏。

⑧ 关机：干燥结束后，如需更换干燥物品，则在开箱门更换前将风机开关关掉，以防干燥物被吹掉；更换完干燥物品后，关好箱门，再打开风机开关，使干燥箱再次进入干燥过程；如不立刻取出物品，应先将风门调节旋钮旋转至"Z"处，再把电源开关关掉，以保持箱内干燥；如不再继续干燥物品，则将风门置于"三"处，把电源开关关掉，待箱内冷却至室温后，取出箱内干燥物品。

（2）鼓风干燥箱的使用注意事项

① 通电前，先检查干燥箱的电气性能，并应注意是否有断路或漏电现象。

② 开机加热以及保持恒温的过程中，均由箱内控温器自动控温。

③ 箱门以不常开启为宜，以免影响恒温，使玻璃、竹材等材质骤冷而爆裂。

④ 侧门是检修所用，不能任意拆卸，以免扰乱或改变线路。只有干燥箱发生故障时方可卸下侧门，按线路逐一检查。

⑤ 鼓风干燥箱为非防爆干燥箱，故有易燃挥发特性的物品，切勿放入干燥箱内，以免发生爆炸。

⑥ 每次开机或使用一段时间，或当季节变化时，须复核工作室内测量温度和实际温度之间的误差，有利于提高控温精度。

四、数控设备

数控设备就是指采用计算机数控技术，实现数字程序控制的设备。

数控技术也叫计算机数控技术（CNC，computer numerical control），是采用计算机实现数字程序控制的技术。这种技术用计算机事先存储的控制程序来执行对设备的运动轨迹和外设的操作。由于采用计算机替代原先用硬件逻辑电路组成的数控装置，使输入操作指令的存储、处理、运算、逻辑判断等各种控制机能的实现，均可通过计算机软件来完成。计算机处理生成的微观指令传送给伺服驱动装置和驱动电机或液压执行元件带动设备运行。

（一）数控设备的使用要求

1.数控设备的使用环境

为提高数控设备的使用寿命，一般要求要避免阳光的直接照射和其他热辐射，要避免过于潮湿、有过多粉尘或腐蚀气体的场所。精密数控设备要远离振动大的设备，如冲床、锻压设备等。

2.良好的电源保证

为了避免电源波动幅度过大（大于±10%）以及可能的瞬间干扰信号等影响，数控设备一般需增设稳压装置，或者采用专线供电，即从低压配电室分一路单独供数控机床使用，以减少供电质量对数控设备的影响和电气干扰。

3.制定有效操作规程

应制定一系列切合实际、行之有效的操作规程，加强数控机床的使用与管理。例如润滑、保养、合理使用及规范的交接班制度等，这都是数控设备使用及管理的主要内容。制定和遵守操作规程是保证数控机床安全运行的重要措施之一。实践证明，遵守操作规程可以减少众多故障的发生。

4.数控设备不宜长期封存

购买数控机床以后要尽快充分使用，使其容易出故障的薄弱环节尽早暴露，得以在保修期内排除。加工中，尽量减少数控机床主轴的启闭次数，以降低对离合器、齿轮等器件的磨损。电子元件最怕潮湿，即便没有加工任务时，数控机床也要定期通电，最好是每周通电1～2次，每次空运行1小时左右，以利用机床本身的发热量来降低机内的湿度，使电子元件不致受潮，同时也能及时发现电池电量不足报警的情况，防止系统设定参数的丢失。

（二）灯具模型制作常用的数控设备

数控设备的类型很多，在灯具模型的实验室制作过程中用得最多的数控设备包括3D打印机、数控激光切割机、数控雕刻机。

1.3D打印机

（1）3D打印技术

3D打印是快速成型技术的一种，它是一种以数字模型文件为基础，运用粉末状金属或塑料等可黏合材料，通过逐层打印等方式来构造物体的技术。

3D打印通常是采用数字技术材料打印机来实现的，常在模具制造、工业设计等领域被用于制造模型，后逐渐用于一些产品的直接制造，已经有使用这种技术打印而成的零部件。3D打印技术在珠宝，鞋类，汽车，枪支，工业设计，建筑、工程和施工（AEC），教育，航空航天，地理信息系统，牙科和医疗等领域都有所应用。

图3-75　3D打印机

3D打印机已成为实验室中常用的设备。3D打印机（如图3-75）与普通打印机工作原理基本相同，只是打印材料有些不同，普通打印机的打印材料是墨水、墨粉和纸张，而3D打印机内装有金属、陶瓷、塑料、砂等不同的"打印材料"，是实实在在的原材料。3D打印机与电脑连接后，通过电脑控制可以把"打印材料"一层层叠加起来，最终把计算机上的虚拟模型变成实物。通俗地说，3D打印机是一种可以"打印"出真实物体的设备，比如打印玩具车、机器人、各种模型，甚至是食物等等。之所以通俗地称其为"打印机"，是参照了普通打印机的技术原理，因为分层加工的过程与喷墨打印十分相似。这项打印技术称为3D立体打印技术。

（2）3D打印过程

① 三维设计。

三维设计过程是：先通过计算机建模软件建模，再将建成的三维模型"分区"成逐层的截面，即切片，打印机就是根据这个切片逐层打印的。

设计软件和打印机之间协作的标准文件格式是STL文件格式。STL文件使用三角面来近似模拟物体的表面，三角面设定越小，其生成的表面分辨率越高。PLY是一种通过扫描产生的三维文件的扫描器，其生成的VRML或者WRL文件经常被用作全彩打印的输入文件。

② 切片处理。

通过读取文件中的横截面信息，3D打印机可以用液体状、粉状或片状的材料将这些截面逐层地打印出来，同时将各层截面以各种方式黏合起来，从而制造出一个实体。通过这种技术几乎可以制造出任何形状的物品。

3D打印机打出的截面的厚度（即Z方向）以及平面方向即X-Y方向的分辨

率是以dpi（点每英寸）或者μm来计算的。一般的厚度为100μm，即0.1mm，也有部分3D打印机可以打印出16μm薄的一层，如ObjetConnex系列和三维Systems的ProJet系列3D打印机。而平面方向则可以打印出跟激光打印机相近的分辨率。打印出来的"墨水滴"的直径通常为50到100μm。用传统方法制造出一个模型通常需要数小时到数天，而用3D打印的技术则可以将时间缩短为数个小时，这是由打印机的性能以及模型的尺寸和复杂程度决定的。

传统的制造技术如注塑法，可以用较低的成本大量制造聚合物产品，而3D打印技术则可以以更快、更有弹性以及更低成本的办法生产数量相对较少的产品。一个桌面尺寸的3D打印机就可以满足设计者或概念开发小组制造模型的需要。由于不用投入模具费用，生产较少数量的产品使用3D打印的方式经济性比较好，而生产大量的产品则使用传统的模具生产工艺更利于降低生产成本。

③ 完成打印。

目前，3D打印机打印出来的作品并不是完全光滑的，特别是在弯曲的表面可能会比较粗糙，像图像上的锯齿一样。但是这样的分辨率对大多数应用场景来说已经够用了，要获得更高分辨率的物品则需通过后期的处理。如先用3D打印机打出稍大一点的物体，再加以表面打磨即可得到表面光滑的"高分辨率"物品。

有些3D打印机可以同时使用多种材料进行打印。有些3D打印技术在打印的过程中还会使用到支撑物以加大打印的灵活性，比如在打印一些有倒挂状的物体时，就需要用到一些易于除去的材质（如可溶物）作为临时支撑物。

2.数控雕刻机

数控雕刻机（如图3-76）包括木工雕刻机、石材雕刻机、广告雕刻机、玻璃雕刻机、激光雕刻机、等离子雕刻机等。数控雕刻机可对木材、金属、石材、塑料等进行浮雕、平雕、镂空雕刻等。数控雕刻具有速度快、精度高等优势。

数控雕刻机技术将传统雕刻机技术与现代数控技术相融合，可利用零件图纸与加工路线设计计算得出机床数控装置所需要的所有数据内容。灯具设计制作中使用较多的是数控木工雕刻机。下面以天马数控木工雕刻

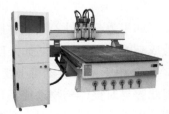

图3-76　数控雕刻机

机（1325型）为例，介绍机器的性能特点以及操作注意事项。

（1）数控木工雕刻机性能特点

① 该木工雕刻机采用龙门式结构，保证导轨支撑面稳定；齿条传动方式，传动平稳，保证长时间高速运行不变形、不抖动。

② 设备X、Y、Z三轴均采用直线导轨，Y轴采用双电机驱动，承重冗余大、寿命长。设计上采用双齿传动，操作更简单，设计更具人性化。

③ 远程操作的USB接口式DSP操作系统可完全脱离计算机，采用手柄式操作，操作更简单，设计更具人性化；采用独特的智能预算法则，可充分发挥电机潜能，实现高速加工、曲直线同步，曲线更完美，不占电脑内存并可实现切削主轴的自动启停。

④ 软件兼容性好，可兼容type3/ArtCAM/Castmate/UG/文泰等多种CAD、CAM设计制作软件。

⑤ 负压吸附工作平台配合大功率的真空泵，吸力更强劲，可任意选择吸附区域和吸附压力，适合不同大小、材质的材料进行加工。工作平台的人性化设计还可以选择自动吸附或人工固定工件的方式。

（2）数控木工雕刻机快速雕刻注意事项

① 对于那些不规则形状的被雕刻物，表面上看起来已经被固定得很紧了，当受到下压力时也会前后晃动。为了避免这种情况，可以在被雕刻物下面垫些废料以增加摩擦；也可以利用被雕刻物自带的包装辅助固定，虽然被雕刻物是不规则形状的，但是其自身所带的包装可能是很规则的，且易于被固定，再加上一条带子，不规则形状的被雕刻物就很容易被固定了；或者使用工具固定被雕刻物规则的部位，而舍弃其不规则的部位。

② 必须检查雕刻所选用的钳子或卡头是否合适。木工雕刻机的钳子或卡头的磨损过度也会导致被雕刻物的错位。钳子或卡头如果过紧，在刀头接触被雕刻物的瞬间也会导致被雕刻物弹出。

③ 如果被雕刻物所受到的下压力很大，考虑一下是否必须使用锥形刀鼻子。如果雕刻机钻石刀头在雕刻过程中移动时压力过大，工具侧面的压力就会造成被雕刻物的移动。如果使用了不正确的钻石刀，也会导致同样的问题。

④ 由于木工雕刻机上常常配有多功能的钳子或卡头，而它们又是铁制的，因此容易对被雕刻物造成损伤或使其在雕刻过程中滑落，选用橡胶帽或者橡胶管子用于被雕刻物的固定会有帮助。

总结回顾　　　　本章讲述了灯具模型的实验室制作筹备工作，主要包括实验室制作的安全教育、灯具制作的常用材料、实验室灯具制作采用的机器设备与加工工具。本章的学习重点是了解灯具模型的实验室制作，避免出现不会使用加工工具和错误使用加工工具的现象；保证学生能根据前期设计构思选取适当材料以及相应的加工手段；在保证整个制作过程中学生的人身安全的前提之下，使其顺利完成灯具的模型制作。

课后实践

⊙ 熟悉学校实验室加工设备及加工工具，为下一步灯具模型的制作做好准备。

第四章

灯具模型的实验室制作实践

章前导读

　　通常人们认为灯具设计只是在纸上画画创意而已，其实并非如此。灯具设计专业的学生不但要具备熟练的表现技能，把好的创意设计表达出来，还需要熟悉灯具的结构及加工工艺，了解灯具制作的材料特性，了解灯具设计的打样流程，加强动手能力、思考能力和解决问题的能力，能将自己的设计方案打样出灯具成品。

　　从前期创意图到完成样品，学生都需要参与进来，从而了解整个设计过程，从实践中学习专业知识，并逐步完成灯具的自主设计。

学有所获

通过本章的学习，你将会有如下收获：

❶ 了解灯具模型制作的技术路线；

❷ 了解不同材料的灯具模型制作的工艺手段；

❸ 了解灯具设计的光源选择原则以及灯具电路的设计和安装知识；

❹ 学会如何进行灯具实体照明效果的测试及优化；

❺ 通过各种案例分析，进一步熟悉灯具设计和制作的流程，并从案例中学习和吸取灯具设计和制作的经验。

第一节
拟订灯具模型制作的技术路线

一、灯具模型制作的技术路线

技术路线是指制定者对要达到的研究目标准备采取的技术手段、具体步骤及解决关键性问题的方法等的研究途径。技术路线在叙述研究过程的基础上，采用流程图的方法来说明，具有一目了然的效果。合理的技术路线可以降低制作项目的成本。

灯具模型制作的技术路线是指在开展灯具模型制作之前，制定灯具实体模型制作的方法、步骤，也就是制定具体可行的、尽可能详尽的实体模型制作工作计划。其包括确定需要准备的主体材料、辅助材料、五金配件，需要用到的工具、设备及其配件；要根据模型制作的需要，确定各个部件的具体加工方法、步骤；拟订各部件组装的方式和方法；调整灯具模型的整体效果。

一般灯具模型制作的技术路线为：

① 熟悉实验室设备，分析制作工艺。

② 分析CAD部件尺寸图，并合理备料。

③ 灯源选择以及灯具电路设计。

④ 灯具模型粗模制作。

⑤ 灯具模型表面处理。

⑥ 灯具实体照明效果的测试及优化。

二、拟订灯具模型制作的技术路线的重要性

（一）降低灯具模型制作成本，提升制作效率

本书围绕灯具模型的设计与制作项目进行展开，拟订灯具模型制作的技术路线能降低灯具模型制作成本，提升制作效率。

对于学校的课题来讲，成本控制也是非常重要的，它涉及学校的开销问题、课程的开课时间问题以及学生的制作精力问题。要在一定的课程时间内，把灯具模型制作出来，就需要在制作前期有一个清晰的规划，当然这些都需要

在教师的协助下完成。

对于企业来讲，成本控制涉及的问题就更多了。其实，成本控制是一门花钱的艺术，而不是节约的艺术。如何将每一分钱花得恰到好处，将企业的每一种资源用到最需要它的地方，这是中国企业在新的商业时代共同面临的难题。企业要想有长期效益，就只能从战略的高度来实施成本控制。换句话来说，不是要削减成本，而是要提高生产力、缩短生产周期、增加产量并确保产品质量。而拟订模型制作的技术路线在一定程度上能提高生产力、缩短生产周期、增加产量。

（二）保证灯具模型的预期效果

合理的技术路线可保证顺利地实现既定目标，技术路线的合理性并不是技术路线的复杂性。技术路线是项目成功的关键要素之一，它也是项目的首要任务。很多项目倾向于马上展开工作，项目计划却被忽视，没有认识到它在节省时间、节约资金和实现既定目标上所能起到的作用。科学管理的日益推进，对工作效率的提升及工作执行力的提高有了更进一步的要求，因而拟订有效的技术路线对各项工作的推进起到至关重要的作用。美国思想家弗洛斯特曾提出一条著名的法则：在筑墙之前应该知道把什么圈出去，把什么圈进来。这条法则说明：如果一开始就明确发展的界限，知道要达到怎样的效果和目的，最终它就会随着目标前进，不会做出超越界限的事来。技术路线就是在我们现在所处的地方和我们想要去的地方之间的铺路搭桥。技术路线就是指明发展目标，界定发展方向，并能有效地减少重复和浪费。拟订灯具模型制作的技术路线其实就是为了保证灯具模型能达到设计者或制作者的预期效果。

制定灯具模型制作的技术路线，通过分析图纸能保证灯具的整体造型及尺寸没有太大的偏差，通过工艺分析选择最合适的工艺方法能保证灯具模型更好的细节效果，这些都为实现灯具模型预期表面效果提供了前提条件。制定灯具模型制作的技术路线，还会通过灯源选择以及灯具电路设计，保证灯具模型具有良好的光照效果以及安全节能的工作环境。通过后期照明效果的优化，能进一步保证灯具模型的光影效果，营造出符合环境的良好氛围。

三、灯具模型制作计划

一个良好的起点以书面计划的形式出现，包含项目的诸多技术要求及所要达到的预期目标。一份详尽的产品设计与制作计划书是必不可少的，设计与制作计划书中应该将整个设计制作过程的各个阶段的时间安排、费用预算、方法手段、目标要求等一系列因素做尽可能量化的规范安排，以方便后期对项目的控制管理与评价比较。

灯具模型设计开发制作是边缘性、多学科的综合体，是一项系统工程，所以在设计制作过程中，对问题的认识和把握的轻重缓急是较难驾驭的。因此，在设计制作行为开始前，就必须对所有的问题有个全面的衡量和分析，做出符合自己实现设计制作需要的计划。

灯具模型制作计划就是灯具设计师为了将接收到的业务或课题任务转化为最后的模型而采取的一系列行动。制定灯具模型制作计划就是将一系列的行动划分为若干个阶段，并确定各个阶段中可能使用的方法。当使用某个制作方法就可以解决一个制作问题时，它就能构成一个计划。

制作任务的顺利进行，离不开详细周密的制作计划。制定制作计划主要有如下两方面的作用。其一，有利于设计者明确整个制作过程中各阶段的具体环节和时间安排，严格控制项目的进度。其二，有利于统筹后续的项目任务安排。

灯具模型制作计划应注意以下几个要点：

① 明确制作内容，掌握制作目标效果。

② 明确该模型制作自始至终所需的每个环节。

③ 弄清每个环节的目的及手段。

④ 理解每个环节之间的相互关系及作用。

⑤ 充分估计每个环节所需的实际时间。

⑥ 认识整个制作过程的要点和难点。

模型制作计划以表格的形式展示，更为直观和明了（如表4-1）。

表 4-1　灯具模型制作计划表

灯具模型制作步骤	时间安排	费用预算	方法手段	目标要求
熟悉实验室设备，分析制作工艺				
分析 CAD 部件尺寸图，并合理备料				
灯源选择以及灯具电路设计				
灯具模型粗模制作				
灯具模型表面处理				
灯具实体照明效果的测试及优化				

第二节

灯具模型制作工艺分析

要确定工艺方案，首先要确定灯具是由哪些配件组成、用哪些材料。工艺过程是指通过各种加工设备直接改变材料的形状、尺寸或性质，将原材料加工成符合技术要求的产品的一系列工作的组合。工艺过程是生产过程中的一个组成部分，是完成生产过程的基础部分，也是最主要的部分。

工艺方案应遵循工艺规格的原则制定，应力求在一定的生产条件下，以最高的生产效率和最低的生产成本加工出符合要求的产品。在制定工艺方案时应遵循以下三个原则：先进性，制定工艺方案时，可以有多种方案，要采用较先进的工艺和设备；合理性，对各种方案进行技术和经济分析，在保证产品质量的前提下选择经济上最合理的方案；安全性，在制定工艺规程时，必须保证加工者有良好的安全操作条件，尽可能减少加工者的劳动强度。

一、木质灯具模型制作工艺分析

由于受到材料特性的影响，使用木质材料进行设计表达的时候，应在设计方案比较成熟的基础上再使用该材料进行制作。一般情况下，木模型的成型采用先制作单独构件，再进行组装成型的方法完成。

（一）构件的加工

1. 开料

木材的锯割是木材成型加工中用得最多的一种操作。按设计要求将尺寸较大的原木、板材或方材等，沿纵向、横向或按任一曲线进行开锯、分解。

图 4-1 手工平刨

2. 基准面的加工（刨削）

为了获得构件正确的形状、尺寸和光洁的表面，并保证后续工序定位准确，必须对毛料进行基准面的加工，它是后续加工的尺寸基准。基准面包括平面（大面）、侧面（小面）和端面等。基准面加工可利用手工平刨或在平刨床、铣床上完成（如图4-1）。

3.相对面的加工（铣削）

基准面加工完成后，即可以基准面为基准加工出其他几个表面，以便最后获得平整、光洁、具有符合技术要求的形状和尺寸规格的木制品构件。相对面的加工可在立铣机、镂铣机、车床等机械上完成（如图4-2、图4-3）。

图4-2　立铣机

图4-3　镂铣机

4.榫头和榫孔的加工

中国传统的木作加工工艺堪称登峰造极，先人为我们积累了丰富并沿用至今的经验，可谓宝贵的文化遗产，也体现出中国人的勤劳与智慧，尤其是经典、巧妙的榫结合形式更是令人叹为观止。在采用榫结合方式的部位，应在相应的构件上分别加工出榫头和榫孔。

（1）榫头的制作

画线，在已经制作好的木料构件上按图纸要求画出榫头的形状与位置；锯割榫头，使用锯割工具（手工锯或带锯机等）沿绘制的线形进行锯割，制作出榫头形状。

（2）榫孔的制作

画线，在已经制作好的木料构件上按图纸要求画出榫眼的形状与位置；使用不同种类的开孔工具加工榫眼。

① 使用电动铣槽机（如图4-4）铣出榫眼。

注意：在铣孔之前调整铣刀的高矮尺寸，锁紧铣刀，开启开关，在铣孔位置将旋转的铣刀慢慢深入进去，然后匀速推动铣槽机，逐渐铣出榫眼形状，榫眼的深度要与榫头的长度一致。

图4-4　电动铣槽机

② 使用木工凿（如图4-5）制作榫眼。榫眼的长宽尺寸要稍小于榫头的长宽尺寸，目的是将互为连接的构件进行过盈配合，使两个构件连接更为紧密。根据榫眼宽度选择相应宽度的木工凿进行加工，使用夹紧器将工件固定。加工时一只手握持凿柄，将凿子的刃口对齐榫眼一端的界线，另一只手握住锤子，打击凿柄的顶部，击打时要将木工凿垂直于木板表面，

图4-5　木工凿

锤子要打准打实。将手工凿打进一定深度后，前后晃动拔出；适量向前移动手工凿，此时将凿柄适度倾斜并继续击打，剔除该位置的木屑；继续前移并击打手工凿，逐渐剔出一定深度的槽。当手工凿接近另一端时，转动手工凿，使刃口的直面对准槽的另一端的界线并垂直击打，以获取垂直立面。榫眼的深度加工不是一次就能达到深度要求的，通过逐层剔除才能逐渐将榫眼打到所需深度。

③ 使用镂铣机制作榫眼。

注意：在铣孔之前选择合适的铣刀，调整铣刀的上下位置，锁紧铣刀，再固定好需要加工的木料，开启开关，在铣孔位置将旋转的铣刀慢慢深入进去，然后匀速推动左右移动，逐渐铣出榫眼形状，榫眼的深度要与榫头的长度一致。

5.预埋五金件结合的加工

使用预埋件使构件进行结合是一种简单、方便的连接形式，在木模型制作中经常使用此种方法进行构件间的连接。

① 按照图纸要求，使用打孔工具在预埋件位置打预埋孔，预埋孔的直径要小于预埋件的直径，使预埋件和预埋孔形成过盈配合（如图4-6）。

图4-6　打预埋孔

② 在预埋件的上面垫上一块木板，使用锤子击打木板，将预埋件嵌入预埋孔内（如图4-7）。

③ 按照图纸要求，使用打孔工具对应预埋件位置打通连接孔，连接孔的直径要略大于连接件的直径。

图 4-7　预埋件嵌入预埋孔

④ 连接相连的构件，将螺钉穿入通孔，使用内六方扳手将螺钉与另一个构件上的预埋件拧紧。螺钉和预埋件螺纹连接，能够牢固地将工件结合在一起（如图4-8）。

⑤ 按次序继续将相邻构件进行连接。注意调整、对齐各构件的位置后将螺钉拧紧。

（二）装配

按照木制品结构装配图以及有关的技术要求，将若干构件结合成部件，或将若干部件和

图 4-8　螺钉与预埋件连接

构件结合成木制品的过程，称为装配。对结构和生产工艺比较简单的木制品，可直接由构件装配成成品，而对比较复杂的木制品，则需要把构件装配成部件，待胶液固化后再经修整或加工，才能装配成木制品。

（三）表面涂饰

木制品制成后，一般需要进行表面涂饰，以提高制品的表面质量和防腐能力，增强制品外观的美感效果。木制品的表面涂饰通常包括木材的表面处理、着色和涂漆等工序。

1.表面处理

木制品的表面处理根据操作工艺的内容和目的的不同，包括去除木材表面的脏污、胶迹、磨屑、松脂，并抹平局部节子、裂纹、孔洞、凹坑等缺陷和砂磨等。

2.木材着色

木材着色通常指的是为保持木纹肌理效果，对制品表面作透明装饰时进行的表面处理，这是木制品的主要装饰手段之一。着色时应用比较普遍的是把水

粉或油粉擦涂在经过清洁、抹平与砂光的白坯木材表面上。

3.涂漆

给灯具涂漆是一个非常重要的环节，油漆的质量直接影响了灯具的环保程度和性能，涂漆的工艺也直接决定了灯具表面的美观程度。木质灯具的涂漆方式有封闭式、半封闭式和开放式三种，不同的涂漆方式的最后效果也有所不同。具体而言，封闭式的涂漆几乎看不到木纹的细致纹路，开放式的效果则是更加天然，更能显示出木材的质感。

二、金属灯具模型制作工艺分析

金属灯具的结构中，主要骨架是金属件，它是由一系列的配件连接而成的，所以在生产中金属配件的生产比较重要。

（一）开模

金属灯具产品因外观造型与表面花饰不断更新，所以要开发一盏新灯具，其所需的新配件通常要新开模具，模具就得有实体模型的样品。模型样品必须以图纸为依据，基本上是以照葫芦画瓢的方式完成，要求设计图纸结构清晰、线条流畅、立体感强。

（二）造模与浇注

造模就是用模具与型砂制成模型，外有浇口。造模主要工具有手工造模机、造模箱，主要是用空压机的气压来辅助完成造模。将模箱与模具配合好后，填满型砂，用气压紧，在模型上面用木棒来开水口孔。把压紧的模平放在地上，拆除模箱，用两块质量较大的金属压在上面，以防浇注时铜水膨胀而损坏模型（如图4-9、图4-10）。

图4-9　造模成型

图4-10　浇注铜水

（三）打沟槽，雕铣花饰

金属灯具配件的打磨，又称打沙，有的企业叫打沟槽，也就是把一些花纹凹处缝隙磨亮，主要是把抛光抛不到位的部位磨亮，只有磨亮了才能进行表面处理。通常用空压机带动钻头，以持笔式的操作方式在产品表面雕铣（如图4-11）。雕铣时因表面皮屑易打在脸上或是伤到眼睛，所以在工作时要有一个玻璃防护箱，两手伸进箱内操作，这样眼睛可以看到里面，可起到保护眼睛的作用。

图 4-11　雕铣花饰

（四）钻孔、攻牙

把要钻孔的面铣平，然后钻孔或攻牙。配件的连接主要是通过牙杆相连接（如图4-12）。

图 4-12　钻孔

（五）焊接

很多复杂的配件，仅通过一次性模具生产是无法办到的，但可以分解成多个配件焊接来完成。焊接主要有风焊与氩弧焊。氩弧焊比风焊焊接效果要好。但是氩弧焊光线太强，且对人体有伤害（如图4-13）。

图 4-13　焊接

（六）抛光

加工完成的配件，都要经过抛光以使表面光亮，表面光亮的目的是进行电镀、喷漆和烤漆处理。抛光后的产品必须精心包装，切勿直接触摸，作业时必须佩戴软布手套，否则电镀产品将会留有斑点。这些斑点是由手上的汗液引起的。要进行烤漆处理的灯具产品，首先用强酸浸泡，把表面杂质除去。因此焊接不牢的产品在此环节容易脱落，得返工再次焊接。

（七）电镀

电镀工艺是将抛亮的铜配件进行电镀处理，让产品更加美观、华丽。按表

图4-14 烤漆工艺

面颜色不同可将电镀工艺分为镀金、镀银、镀铬等。

（八）烤漆

为了让灯具产品表面色彩更加丰富，多数灯具产品用烤漆工艺完成，如咖啡色、古铜色等。例如，古典灯具适合用烤漆工艺来完成。烤漆工艺的主要过程是先用强酸腐蚀，然后喷涂表面所需的色漆；最后到烤房硬化漆表面（如图4-14）。

（九）装配电源线

电源产品有灯头、灯泡、开关线等，它是根据照明需要来选配的。台灯选用手动微调开关类型的较好；吊灯配有遥控开关更便于使用；灯泡要选用质量好的企业产品，质量好才能经久耐用；电源要选用通过安全规定和相关认证的产品。

（十）组装灯具产品

小的灯具产品组装只需要在工作台上就可以完成，但是一些大型的灯具产品就需要通过辅助架来完成。

组装灯具车间应十分干净，以免灰尘粘在产品上。安装人员操作时，需戴干净布手套。组装车间灯光照明更好，通风干燥，安全防火设施齐全。

三、其他主材灯具模型制作工艺分析

除了木材和金属作为主材制作灯具之外，陶瓷、塑料、玻璃、混凝土、耐火材料等，也在灯具设计与制作中运用广泛。其中目前用于制造灯具的材料最多的还是玻璃和塑料。

玻璃是无机非金属材料中广泛用于灯具制作的材料。玻璃具有良好的透光性、化学稳定性和加工性能，可进行切、磨、钻等机械加工和化学处理等。玻璃的原料在地壳分布很广，蕴藏量丰富，价格也较便宜。一些玻璃通过加工还可以产生装饰性的光影或漫射，使室内光线柔和且不刺目。

（一）玻璃成型工艺

玻璃在灯具方面应用十分广泛，使用的场所也十分灵活。因为玻璃防水且好清理，用于厨房、卫生间这类场所较为合适。因为玻璃的加工工艺也较为成熟，可制作出造型复杂的灯具，应用于客厅与餐厅的装饰。磨砂玻璃表面粗糙，光线产生漫反射，使光线柔和不刺目，可用于卧室灯具，减少对于睡眠的不利影响。

玻璃的生产工艺包括配料、熔制、成型、退火等工序。

1.配料

按照设计好的料方单，将各种原料称量后在混料机内混合均匀。玻璃的主要原料有：石英砂、石灰石、长石、纯碱、硼酸等。

2.熔制

将配好的原料经过高温加热，形成均匀的无气泡的玻璃液。这是一个很复杂的物理、化学反应过程。玻璃的熔制在熔窑内进行。熔窑主要有两种类型。一种是坩埚窑，玻璃料盛在坩埚内，在坩埚外面加热。小的坩埚窑只放1个坩埚，大的可放20个坩埚。坩埚窑是间隙式生产的，现在仅有光学玻璃和彩色玻璃采用坩埚窑生产。另一种是池窑，玻璃料在池窑内熔制，明火在玻璃液面上部加热。玻璃的熔制温度大多在1300～1600℃。大多数用火焰加热，也有少量用电流加热的，称为电熔窑。现在，池窑都是连续生产的，小的池窑可以是几米，大的可以到400多米。

3.成型

将熔制好的玻璃液转变成具有固定形状的固体制品。成型必须在一定温度范围内才能进行，这是一个冷却过程，玻璃首先由黏性液态转变为可塑态，再转变成脆性固态。成型方法可分为人工成型和机械成型两大类。

（1）人工成型

① 吹制，用一根镍铬合金吹管，挑一团玻璃在模具中边转边吹，主要用来成型玻璃泡、玻璃瓶、玻璃球（划眼镜片用）等。

② 拉制，在吹成小泡后，另一工人用顶盘粘住，二人边吹边拉，主要用来制造玻璃管或玻璃棒。

③ 压制，挑一团玻璃，用剪刀剪下使它掉入凹模中，再用凸模压，主要用来成型杯、盘等。

④ 自由成型，挑料后用钳子、剪刀、镊子等工具直接制成工艺品。

（2）机械成型

因为人工成型劳动强度大、温度高、条件差，所以，除自由成型外，大部分已被机械成型所取代。机械成型除了压制、吹制、拉制外，还有：

① 压延法，用来生产厚的平板玻璃、刻花玻璃、夹丝玻璃等。

② 浇铸法，生产光学玻璃。

③ 离心浇铸法，用于制造大直径的玻璃管、器皿和大容量的反应锅。这是将玻璃熔体注入高速旋转的模具中，离心力使玻璃紧贴到模具壁上，旋转继续进行直到玻璃硬化为止。

④ 烧结法，用于生产泡沫玻璃。它是在玻璃粉末中加入发泡剂，在有盖的金属模具中加热，玻璃在加热过程中形成很多闭口气泡，这是一种很好的绝热、隔声材料。此外，平板玻璃的成型有垂直引上法、平拉法和浮法。浮法是让玻璃液漂浮在熔融金属（锡）表面上形成平板玻璃的方法，其主要优点是玻璃质量高（平整、光洁），拉引速度快，产量大。

4.退火

玻璃的退火主要是指将玻璃置于退火窑中，经过足够长的时间，通过退火温度以缓慢的速度降下来，以便不再产生超过允许范围的永久应力和暂时应力，或者说是尽可能使玻璃中产生的热应力减少或消除的过程。

（二）塑料成型工艺

塑料的品种繁多，性能优良，易于加工成型；因其原料广泛，所以价格低廉。几乎所有的塑料都是电绝缘体，拥有较好的化学稳定性，且质量小、强度高，因此可以加工一些造型复杂、色彩鲜艳的物品，而且可以一次成型。

塑料成型工艺是塑料加工的关键环节。将各种形态的塑料制成所需形状的制品或坯件，成型的方法多达三十几种，它的选择主要取决于塑料的类型、起始形态及制品的外形和尺寸。加工热塑性塑料常用的方法有挤出、注射成型、压延、吹塑和热成型等。加工热固性塑料一般采用模压、传递模塑，也用注射成型。层压、模压和热成型是使塑料在平面上成型。上述塑料加工方法，均可用于橡胶加工。此外，还有以液态单体或聚合物为原料的浇注等。在这些方法中，以挤出和注射成型用得最多，也是最基本的成型方法。

四、灯具模型其他常用辅助材料制作工艺分析

灯具模型制作除了使用木材、金属、玻璃、塑料等主要材料外，还会用到一些其他辅助材料，例如：树脂、布料、纸等。

（一）树脂材料

树脂材料是以合成树脂（如环氧树脂、聚酯树脂）为基料，配上催化剂、固化剂（过氧化环己酮）调和而成的。在环氧树脂或聚酯树脂中按照1%～3%的比例加入催化剂进行调配，调成胶状液体即可使用。调制而成的胶状液体为淡黄、带黏稠性、自身不凝结的液体，然后在加入固化剂——过氧化环己酮后，即可固化。树脂材料的优缺点如下。

其中优点有：

① 可塑性强：树脂材料造型力极强，可制作多种造型，应用范围广，如可制作树脂工艺品、树脂腰线等等。

② 装饰性强：其材料表现细腻，用树脂材料制作的产品质感优良，可按照要求设计款式、颜色和尺寸等等。

③ 耐用：树脂材料表面光洁度高，且其制品柔韧性好、耐腐蚀、耐高低温、抗老化、使用寿命长。

④ 透明且透光：这个特点使得树脂材料成为灯具设计制作的重要辅材。

缺点有：

① 环保性差：树脂材质不环保，放室内感觉不太好。

② 由于树脂材料工序较复杂，所以材料成本高，市场价格也会高一些。

它是灯具设计制作中经常使用的材料，特别是在学校的灯具相关的课题当中。树脂材料的制作工艺流程：

① 根据树脂工艺品的造型用硅橡胶制成模具。

② 在不饱和树脂内加入适量填料并搅拌均匀。

③ 在向模具内浇注之前，向不饱和树脂内加入固化剂和催化剂，搅拌均匀后向模具内浇注。

④ 树脂固化后脱模，即可得到所需形状的灯具部件。可在常温下浇注各种造型的仿真工艺品，其固形迅速、细节逼真、工艺简单（如图4-15）。

图4-15 利用树脂
做辅料的灯具

（二）宣纸

宣纸是中国传统的古典书画用纸。宣纸的特点有耐老化、不褪色、光而不滑、纹理纯净、搓折无损等，故有"纸中之王""千年寿纸"的誉称。宣纸易于加工，透光性也好，是传统造纸工艺之一，具有中国古典特色，因此比较适合中式装潢的居所。

无氯漂白纸是一种环保健康的纸张，价格相对便宜，易于加工制作较为复杂的外形，易于上色，而且纸张相对较轻，透光性也比较好。无氯漂白纸可以制作不同风格的灯具（如图4-16）。

图4-16　宣纸灯具

第三节
灯具实体模型的备料

对于生产工厂和企业来说，生产效率提升的重要条件是做好产前备料，产前备料没做好，其他的都执行不下去，生产效率几乎为零。

对于学校课题来说，灯具实体模型能不能按时完成，能不能达到预期效果，很大程度取决于前期备料的好坏，要清楚地知道要购买的材料的数量、质量以及各种材料的购买时间规划。

无论对于企业还是学校课题来说，在备料过程中，专业的设计师都会制定灯具模型的物料清单，到原料市场或网上订购材料，时刻保证在各个工艺流程中，所有需要的物料都是齐全的，保证不出现等材料的情况。

物料清单（bill of materials，BOM）说明一个最终产品是由哪些零部件、原材料所构成的，这些零部件的时间、数量上的相互关系是什么。采购周期不同，即从完工日期倒排进度计算的提前期不同，当一个最终产品的生产任务确定以后，各零部件的订单下达日期仍有先有后。在保证配套日期的原则下，生产周期较长的物料先下订单，生产周期较短的物料后下订单，这样就可以做到在需用的时候，所有物料都能配套备齐；不到需用的时候不过早投料，从而达到减少库存量和减少占用资金的目的。

一件灯具是由若干构件组成的，这些构件的规格尺寸和用料通常要求是不同的。按照图纸规定的尺寸和质量要求，将原料分成各种规格的毛料（或净料）的加工过程称为配料，这是灯具加工的第一道工序。配料时应根据制品的质量要求，按构件在制品上所处部位的不同，合理地确定各构件所用材料及材料的相关技术指标。

第四节
光源的选择

光源是灯具的核心部件，选择恰当的光源对于保障灯具的照明效果、装饰效果起到至关重要的作用。光源的选择，是与灯具的设计定位密不可分的，具体而言包括灯具的种类、造型、风格、目标市场等因素。

一、光源选择原则

为了满足灯具的设计定位，光源的选择有以下的注意事项：

① 坚持安全第一的原则，选择符合国标的优质光源。了解、对比光源的使用安全标准，检查灯具模型的安全性能是否符合。台灯、落地灯等接触性灯具应采用低电压光源。尽可能避免使用发热量高的光源，以免产生火灾隐患。

② 优先采用LED等节能、环保光源。

③ 色温是影响灯具照明效果的关键。应根据灯具的类型以及使用场景，

选择不同色温的光源，以提升灯具的照明效果以及艺术效果。

④ 显色指数是所有的光源都有的一个参数，就是对色彩的还原能力。日光的显色指数是100，白炽灯也是100，节能灯是80～90，LED是70～90。显色指数越低，肉眼看到的颜色越失真。因此，在国家的照明设计标准中，规定了在办公室和宾馆、饭店中，灯具的显色指数应在80以上。

⑤ 依照灯具的造型和光效的需求，选择点光源或者线光源，以优化灯具结构。

灯具是营造家居生活氛围的点睛之笔，但逛过建材市场或灯具城的人都知道，灯具种类的繁多，真的会让人在选择时无从下手。不同光源的灯具表现出来的灯光不一样，使用时间和效果也是不尽相同。因此，在进行灯具和光源选择的时候，也就是进行相关家装照明设计的时候要特别注意一下。

灯具的光源比较多，家用灯具的光源目前比较常见的有白炽灯、荧光灯、节能灯以及LED灯4种。

二、四种光源的特点以及适用空间

（一）白炽灯

图4-17　白炽灯

白炽灯（如图4-17）又叫做电灯泡，它的工作原理是电流通过灯丝（钨丝，熔点达3000多摄氏度）时产生热量，螺旋状的灯丝不断将热量聚集，使得灯丝的温度达2000℃以上，灯丝在处于白炽状态时，就像烧红了的铁能发光一样而发出光来。灯丝的温度越高。发出的光就越亮，故称之为白炽灯。

优点：光源小，具有种类极多的灯罩形式；通用性大，彩色品种多，具有定向、散射、漫射等多种形式；能用于加强物体立体感，白炽灯的色光最接近于太阳光。

缺点：不环保是最大的缺点，使用白炽灯的时候有95%的电能都耗费在了加热上，只有5%的电能才能真正转换成能见的光；发热温度高；热蒸发快；寿命较短（1000小时）；红外线成分高；易受振动影响；色温低，带黄色。

（二）荧光灯

荧光灯（如图4-18）又叫做日光灯，其荧光灯管内包含气体为氩气（另包含氪或氖），另外包含几滴水银。靠着灯管的汞原子，由气体放电的过程释放出紫外光，灯管内表面的荧光物质吸收紫外光后释放出可见光。不同的荧光物质会发出不同的可见光。

图4-18　荧光灯

优点：节能，荧光灯所消耗的电能约60%可以转换为紫外光，其他的能量则转换为热能。一般紫外光转换为可见光的效率约为40%。因此日光灯的效率约为60%×40%=24%——大约为相同功率钨丝电灯的两倍。

缺点：会产生光衰，荧光灯显色性比不上白炽灯；灯光有闪烁现象，对视力有一定影响；此外，生产过程中和使用废弃后有汞污染。

（三）节能灯

节能灯又叫紧凑型荧光灯，发光原理和荧光灯无很大区别。不过，节能灯体积相对较小，而且使用的电子镇流器体积较小，频闪现象减轻。

优点：光效高，是普通白炽灯的5倍多，节能效果明显；寿命长，是普通灯泡的8倍左右；且体积小，使用方便。

缺点：会产生光衰；显色性较低，白炽灯及卤素灯显色性为100，表现完美，节能灯显色性大多在80～90之间，低显色的光源不但看东西颜色不漂亮，也对健康及视力有害。

（四）LED灯

LED灯（如图4-19）又叫发光二极管，它是一种固态的半导体器件，可以直接把电转化为光。LED的"心脏"是一个半导体的晶片，由三部分组成，一端是P型半导体，另一端是N型半导体，这边主要是电子，中间通常是1～5个周

图4-19　LED灯带

期的量子阱。当电流通过导线作用于这个晶片的时候，电子和空穴就会被推向量子阱，在量子阱内复合，然后就会以光子的形式发出能量，这就是LED发光的原理。

优点：LED灯具有体积小、耗电低、寿命长、无毒环保等诸多优点，最初是应用于室外装饰、工程照明，现在逐渐发展到家用照明。

缺点：价格贵，需要恒流驱动，散热处理不好容易光衰。

光源是灯具的核心，不同的光源具有不同的色温、节能性等，大家在选购的时候还是需要依据自己所需以及价格等因素来决定。

第五节
灯具电路的设计及安装

灯具采用了电光源以后，就属于用电器，必须符合国家CCC标准，电路安全是必须达标的模块。

一、电路安全

① 采用标准化、合格的电子元件，不使用三无电工产品。

② 一般的台灯、落地灯可以直接采用开关插座一体化的电源线，减少因为接线安装不规范带来的短路现象，避免火灾的发生。

③ 尽可能不使用花线，不使用接线式的插头。

二、电路基础知识

（一）串联电路

1.定义

用电器首尾依次连接在电路中，称为串联电路。电路只有一条路径，任何一处开路都会出现开路。故障排除方法：用一根导线逐个跨接开关、用电器，如果电路形成通路，就说明被短接的那部分接触不良或损坏。千万注意：绝对不可用导线将电源短路。

2.串联电路电压规律

串联电路总电压等于各用电器电压之和，即：

$$U=U_1+U_2+U_3$$

$$U_1：U_2：U_3=IR_1：IR_2：IR_3=R_1：R_2：R_3$$

$$P_1：P_2：P_3=IU_1：IU_2：IU_3=R_1：R_2：R_3$$

3.串联电路的特点

① 电流只有一条通路。

② 开关控制整个电路的通断。

③ 各用电器之间相互影响。

④ 串联电路电流处处相等：

$$I_总=I_1=I_2=I_3=\cdots=I_n$$

⑤ 串联电路总电压等于各处电压之和：

$$U_总=U_1+U_2+U_3+\cdots+U_n$$

⑥ 串联电阻的等效电阻等于各电阻之和：

$$R_总=R_1+R_2+R_3+\cdots+R_n$$

⑦ 串联电路总功率等于各功率之和：

$$P_总=P_1+P_2+P_3+\cdots+P_n$$

⑧ 串联电容器的等效电容的倒数等于各个电容器的电容的倒数之和：

$$1/C_总=1/C_1+1/C_2+\cdots+1/C_n$$

⑨ 串联电路（分压电路）中，除电流处处相等以外，其余各物理量之间均成正比（电流做的功指在通电相同时间内的大小）：

$$R_1：R_2=U_1：U_2=P_1：P_2=W_1：W_2=Q_1：Q_2$$

⑩ 开关在任何位置控制整个电路，即其作用与所在的位置无关。经过一盏灯的电流一定经过另一盏灯。如果熄灭一盏灯，另一盏灯一定熄灭。

⑪ 在一个电路中，若想控制所有电路，即可使用串联的电路。

⑫ 串联电路中，只要有某一处断开，整个电路就成为断路，即所串联的

电子元件不能正常工作。

（二）并联电路

1.定义

并联电路是使在构成并联的电路元件间电流有一条以上的相互独立通路，为电路组成的两种基本方式之一。例如，一个包含两个电灯泡和一个9V电池的简单电路。若两个电灯泡分别由两组导线分开地连接到电池，则两个灯泡为并联。

电路有多条路径，每一条电路之间互相独立，有一个电路元件开路，其他支路照常工作。在这里可测量的变量是：R——电阻，单位欧姆（Ω）；I——电流，单位安培［A（库仑每秒）］；U——电压，单位伏特［V（焦耳每库仑）］。

2.并联电路规律

① 并联电路中各支路的电压都相等，并且等于电源电压。

$$U=U_1=U_2$$

② 并联电路中的干路电流（或说总电流）等于各支路电流之和。

$$I=I_1+I_2$$

③ 并联电路中的总电阻的倒数等于各支路电阻的倒数和。

$$1/R=1/R_1+1/R_2 \text{ 或写为：} R=R_1R_2/（R_1+R_2）$$

④ 并联电路中的各支路电流之比等于各支路电阻的反比。

$$I_1/I_2=R_2/R_1$$

⑤ 并联电路中各支路的功率之比等于各支路电阻的反比。

$$P_1/P_2=R_2/R_1$$

⑥ 并联电路增加用电器相当于增加电阻的横截面积。

3.并联电路的特点

① 电路有若干条通路。

② 干路开关控制所有的用电器，支路开关控制所在支路的用电器。

③ 各用电器相互无影响。

（三）串并联电路的相同点及优缺点

1.相同点

① 不论是串联电路还是并联电路，电路消耗的总电能等于各用电器消耗的电能之和。

$$W=W_1+W_2$$

② 不论是串联电路还是并联电路，电路的总电功率等于各个电器消耗电功率之和。

$$P=P_1+P_2$$

③ 不论是串联电路还是并联电路，电路产生的总电热等于各种用电器产生电热之和。

$$Q=Q_1+Q_2$$

2.串联的优缺点

串联的优点：在电路中，若想控制所有电路，即可使用串联的电路。

串联的缺点：若电路中有一个用电器坏了，意味着整个电路都断了。

3.并联的优缺点

并联的优点：可将一个用电器独立完成工作，一个用电器坏了，不影响其他用电器，适合于马路两边的路灯。

并联的缺点：若并联电路，各处电流加起来才等于总电流，由此可见，并联电路中电流消耗大。

三、导线的安装包裹

（一）剖削导线绝缘层

可用剥线钳或钢丝钳剖削导线的绝缘层，也可用电工刀剖削塑料硬线的绝缘层。

用电工刀剖削塑料硬线绝缘层时，电工刀刀口在需要剖削的导线上与导线成45°夹角，斜切入绝缘层，然后以25°角倾斜推削。最后将剖开的绝缘层折叠，齐根剖削。剖削绝缘层时不要削伤线芯。

（二）常用导线接线方法

电缆接头和线与线之间使用胡乱缠绕的方法来进行接头时，无法保证线与线之间紧密接触和接触面积，这样在使用时会出现打火或发热现象，造成用电事故。为保证接头工作正常，在电工手册中规定了不同电缆的接线方法。常用比较细的电缆接线方法如下。

1.单芯电缆

单芯电缆指的是只有一根绝缘线芯的电缆。

单芯电缆的接线方法如图4-20。

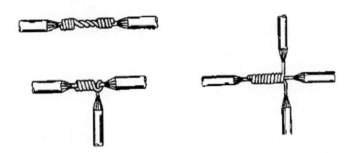

图 4-20　单芯电缆接线方法

2.多芯电缆

多芯电缆指的是有一根以上绝缘线芯的电缆。

电流有集肤效应，走的是导体的表面，多芯的展开表面积较大，因此在相同截面积情况下，多芯的比单芯的载流量要高。除了载流量高外，散热性能也较好。当然，多芯电缆的价钱也较贵。目前市面上的导线绝大多数都是多芯电缆。

多芯电缆接头缠绕方法如下。

（1）多芯电缆对接（如图4-21）

首先将剥去绝缘层的多股芯线拉直，将其靠近绝缘层的约1/3芯线绞合拧紧，而将其余2/3芯线呈伞状散开，另一根需连接的导线芯线也如此处理。

接着将两伞状芯线相对着互相插入后捏平芯线，然后将每一边的芯线线头分作3组，先将一边的第1组线头翘起并紧密缠绕在芯线上，再将第2组线头翘起并紧密缠绕在芯线上，最后将第3组线头翘起并紧密缠绕在芯线上。以同样方法缠绕另一边的线头。

灯具设计与制作 --

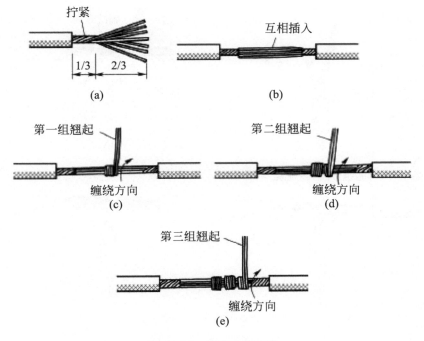

图 4-21　多芯电缆对接

（2）多芯电缆 T 字连接

第一种方法：如图 4-22，将支路芯线 90°折弯后与干路芯线并行，然后将线头折回并紧密缠绕在芯线上即可。

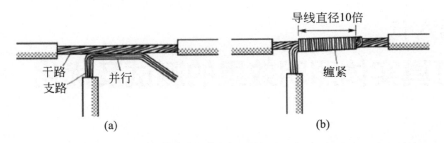

图 4-22　多芯电缆 T 字连接第一种方法

第二种方法：如图 4-23，将支路芯线靠近绝缘层的约 1/8 绞合拧紧，其余 7/8 分为两组，一组插入干路芯线当中，另一组放在干路芯线前面，并朝右边按图 4-23（b）所示方向缠绕 4～5 圈。再将插入干路芯线当中的那一组朝左边按图 4-23（c）所示方向缠绕 4～5 圈，连接好的导线如图 4-23（d）所示。

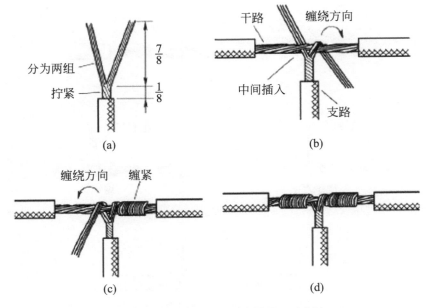

图4-23 多芯电缆 T 字连接第二种方法

电缆连接好后，用黑胶布带或塑料胶带包缠两层。在潮湿场所应使用聚氯乙烯绝缘胶带或涤纶绝缘胶带。电路安装完毕以后，必须先经过安全检测才能接电开灯。

第六节
灯具实体照明效果的测试及优化

一、调整光源功率

在亮灯测试之前，灯具的具体光效只能是模拟测算的，真实效果还需要由亮灯实验来检验。当灯具的实体模型亮灯以后，如果发现光效与原先设定的差别比较大，那就可以通过直接更换光源等方法，调整光源功率。

首先，我们要知道，在灯具光源的选择上，主要需要考虑的因素包括功率

（W）、光通量（lm）、光效（lm/W）、色温（K）、眩光频闪情况等。色温越低光色越暖，色温越高越接近白色，再高会接近蓝白色。

光源的色温与自然光相对应，行业里常用的色温类型大致有如下三种：白光，颜色偏冷，照射区域比较大，视觉效果非常清晰，但不够温馨；暖白光，颜色稍暖，照射区域适中，舒适感好，视觉效果清晰；暖光/黄光，颜色发黄，视觉效果温馨，但感觉不清晰。通常，2700～4500K色温的暖光较适合室内照明使用。

（一）客厅灯具光源建议

主灯选择暖白光较合适，它能保持整个空间的清爽和自然，有足够的照明范围和亮度，同时以微微的黄光让客厅显得温馨。客厅的其他灯具，比如落地灯、台灯等应该使用2700～3200K的暖光，这样在主灯不开的时候能保持温馨和舒适，也利于形成空间层次立体感。

（二）卧室灯具光源建议

暖色光源更容易让人放松。暖色光源有助于促进睡眠，且对眼睛的刺激更小。

（三）厨房灯具光源建议

根据厨房家具和灶台的安排和布局，应选择使用寿命较长灯具，大于3500K的暖白光，尽量不使用吸顶灯，因为不聚光，只有散光，所以不宜在厨房中安装。

（四）餐厅灯具光源建议

光线不要太强或过白，餐厅的光照需要明亮，要注意避免选择色温过低的灯具。餐厅在灯光的选择上最好采用暖色系，从心理学的角度上来讲，暖色系更能刺激食欲，而在暖色调的灯光下进餐，也会显得更加浪漫、富有情调。

（五）卫生间灯具光源建议

卫生间灯具的使用相对于其他房间来说，要频繁得多，所以选择白炽灯会比较省电。白炽灯的灯光颜色有点偏黄，这种灯光比较柔和，给人一种温馨的感觉，人看起来也会比较漂亮。

我们在选择灯具时往往会被各种类型、各种参数弄昏头脑，但如果静下心来琢磨，还是能明白门道的。

二、调整灯罩、反光板等影响光效的部件

在对灯具实体模型进行测试的时候，如果灯具的照明效果与预设的效果不一致，除了对光源进行调整以外，还可以对灯具的其他部件进行调整，从而优化灯具的照明效果。

首先可以对灯罩的透光率进行调整，具体的措施包括调整灯罩的材质、色彩、厚度等影响透光率的因素。在保持灯罩材料不变的基础上，也可以通过调整灯罩的透光面积，来调整灯罩的透光量，从而达到调整整体照明效果的作用。

其次就是对灯具的反光板进行调整，调整反光板的角度、大小、色彩以及距离等因素，从而调整反射光的强弱。

灯罩的作用主要是：

① 遮挡强光。避免光线直接照射入人眼，引起晕眩。

② 保护作用。能够防止灰尘、油烟的侵袭，从而延长灯泡的使用寿命。

③ 装饰作用。灯罩的颜色与造型搭配得好同样也可成为房中一景，给人以享受。

对于灯罩的选择主要是看个人的爱好和居室的条件。一种方法是灯罩颜色和墙面颜色相协调。如奶黄色墙面配上鹅黄色灯罩，显得协调温暖；天蓝色墙面配上淡蓝色的灯罩，看上去明朗清新。另一种是灯罩颜色和墙面颜色使用对比色，因为一般灯罩都比较小，选用对比色会使之突出，产生跳跃感。在选择台灯罩时，还要考虑与底座的颜色相协调。如暗红色的底座配以绛红或茶色灯罩，这样显得融合一体。这里不提倡使用对比色，如用对比色会让人有灯一分为二的错觉。在选择时还应考虑灯光的颜色与灯罩颜色的协调。

随着越来越多灯具被广泛使用，灯罩使用量也日益增多。因直射的光源对人体眼睛具有很强刺激，只能加灯罩以减弱一些光亮。现在就灯罩使用情况进行论述：

① 玻璃灯罩易碎。

② 透明PC加磨砂灯罩的透光率低（只有80%～89%）及能看到点光源。

③ 透明PC加棱筋或亚克利加色粉的透光率低（只有80%～89%）及能看

到点光源。

那么如果灯罩是玻璃，一不小心掉落就容易出现破碎而引发触电问题，安全性不能保障，所以产品认证中是通不过的。光效问题也是非常严格的，选择高透光率的灯罩是必然的选择，而且还要防止出现眩光问题，所以看不到点光源（也就是光斑）是非常关键的要求。合格灯具灯罩的特点：高透光、高扩散、无眩光、无光斑。

反光罩是灯具本身的一个配件。它的质量直接影响到灯具的反光效率，反光罩能降低光源发光所浪费的光，这就是聚光。但是，光源经过反光罩反射再发出，同样是存在光损耗的，如何改变反光罩的设计从而配出适合的光？

通过电脑建模模拟光源发光角度及反光罩的空间结构，追踪光线的反射轨迹，调整反光罩的曲率技术参数，以达到灯具反光罩最佳的光强分布及灯杯对各种光束宽度的功能要求，大大提高了光效及减少了散光、炫光的可能性。反光表面可镀橘皮和光面两种效果，可更好地使光斑均匀柔和，无黑洞、黄圈，反光效率高，不脱层，耐高温。

磨砂的反光罩，把光柔和地反射出来，适用于超市、商场等柔光场合，不适用于工业和体育场馆等高照度要求场所，因为传统磨砂反光罩对光的损耗极大。若是到工业照明上，要求高反射高光效的反光罩，这必须得让光经过反光罩时，光损耗达到最小。但是用光滑铝合金反光罩，反射出来的光十分刺眼，不适合配合LED使用。

三、调整光影效果

光在传播过程中，遇到障碍物或小孔（窄缝）时，它有离开直线路径绕到障碍物阴影里去的现象。利用光的衍射特性，我们可以设计出富有生命力的光影效果。

（一）影响光影效果的主要因素

影响光影效果的主要因素有三个。第一是光源的亮度；第二是遮光罩的透光性；第三是光源、遮光罩、投影接受面三者之间的距离，调整三者之间的距离，可以得到不同的光影效果。

光源的亮度越强，光影效果越清晰，反之则光影效果模糊；遮光罩的透明度越低，光影的效果越清晰，反之则光影效果模糊；遮光罩与投影接受面之间的距离越短，光影效果越清晰，反之则光影效果模糊。

根据光的以上特点，调整影响光影效果的各种因素，使灯具模型的照明效果得到最优化。

（二）光影美在灯具设计中的应用探究

为了给人良好的精神体验，在灯具的设计方面，尽量激发使用者美好的情感。所以，设计师可以利用光和影，给人良好的体验，触动使用者，唤醒其对生活的美好愿望，这就是光和影在灯具设计中的最终目标，也是对设计师的考验。灯具设计中光和影的结合也有三个阶段，即：功能美、人性美和艺术美。下面从这三个角度进行分析。

1.功能美

光和影在灯具设计中的功能美，就是回归最原始的功能——照明。一般情况下，人们在夜晚或者昏暗的地方使用灯具，保证照明，可以进行一系列正常的活动，所以灯具的光影美最先就展现在功能上。现代人们的生活场景丰富，如书房、餐厅、客厅等，人们在这些房间中，会因为其功能的不同，需要光亮也有所不同。但是传统的灯具在光源的明暗度上比较固定，人们要想灯具的功能满足不同场景，往往安装不同光亮的灯具。现在随着技术的创新，出现了智能控制和无级调光等技术，在灯具设计中有了很大的变革，借此就能实现人们在不同的状态下对灯光的要求。台湾著名设计团队曾经设计出一款桌灯，荣获德国红点设计大奖，该桌灯使用的时候，只需要轻轻拍一下金属基座，就可以开关灯，并调整光亮，还可以旋转按钮，调整桌灯的角度，满足不同年龄阶段人们的需求。无论是在照明上，还是使用情感上，都能满足使用者的需求，为其带来更多的趣味体验。

2.人性美

光影美在灯具设计过程中，其人性美主要是体现在功能和形态个性化，一切设计手段都围绕人进行，令灯具具有人的情感、人的个性等，利用有形的物质反映出无形的精神状态。传统的灯具一般都是光源和灯罩的结合，只能满足人们简单的照明需求。在灯具设计的不断发展下，设计师开始利用光影美，结合人们心理和生理的需求，设计出有人文关怀的作品，例如Petra Krausova设计师设计的互动型玻璃动态雕塑，观众站在不同角度，其呈现各种形态，如魔幻般地在时间和空间中遨游，利用光和影的效果，展示美丽的线性结构，造型令人震撼。

3.艺术美

灯具的设计，就是为了体现艺术，一个缺少艺术灵魂的设计不是好的作品，因此在灯具的设计中，必须从外观、效果和结构上都体现出良好的艺术情感。长久以来，设计师一直利用光和影，对灯具的艺术化设计有多种尝试，因其无限的想象力，令光影美在灯具中体现得淋漓尽致。光和影的作用不只体现于灯具自身上，还体现在灯具通电时对周边环境的影响上。灯具在空间中投射的光影效果，即光影造型手段，将灯具中光的魅力呈现出来，在空间环境中创建一个丰富的光影效果。结合灯管在空间中产生的视觉效果，不但体现在灯具在细节上的美感，还在空间中产生一种特殊的意境。此类将光、色和形融合，在设计中不但要重视灯具自身的色彩和形态，还要考虑灯具造型和光的融合，达到光影互动的良好效果。灯具在此方面的设计，先考虑外形材料的设计，需要使用不完全封闭和半透明的材料，让灯影射在外面的灯罩上，产生折射、反射、穿透和吸收等物理反应，最终产生良好的光影效果。

综上所述，光影美在灯具的设计中，可以满足使用者越来越高的精神需求，在空间中创建良好的光环境，结合灯罩产生微妙的作用。在灯具设计中，光和影的融合，产生良好的人性美、艺术美和功能美，为人们的生活增添情趣。

第七节
灯具实体框架的制作实践（案例）

一、"魅影"落地灯设计打样实例解析

（一）前期概念的产生

"魅影"的设计灵感主要来源于"窗格子"，选用榉木和竹材作为灯具主材。整个灯具的主体结构为实木，实木特有的自然纹理为灯具进行装饰；灯罩

采用竹编，利用竹编的编织图案来实现灯具的光影效果。从材料、造型、装饰等方面营造灯具的典雅美观的特点。

（二）灯具创意草图

概念创意草图是灯具设计过程中最重要的环节，从前期在头脑中的模糊概念到呈现在二维纸稿上的创意草图，这段时间要经历对概念创意不断的讨论、推翻、调整和修改，画出大量的创意草图，最终选出一个可行性大的创意方向进行创意延伸（如图4-24）。

（三）三维计算机效果图的制作

确定创意概念后，需将确定的创意草图在计算机上用犀牛或3ds Max软件做出三维效果。三维效果图能够直观地表达出设计师对方案的理解，并从整体的造型、材质、空间结构、细节、色彩和灯光等方面进行全方位的模拟（如图4-25）。

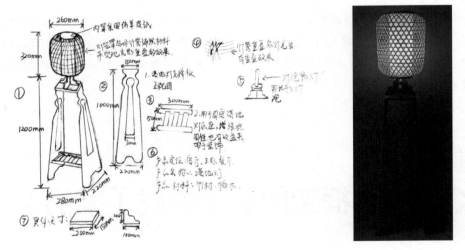

图 4-24 "魅影"灯具创意草图　　　　图 4-25 效果图

（四）灯具AutoCAD尺寸图制作

此阶段主要是运用AutoCAD软件进行灯具的尺寸图制作，用真实尺寸1：1标注整体形状的大小和部件的细节（如图4-26）。

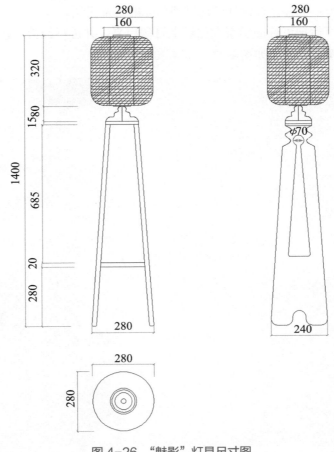

图 4-26 "魅影"灯具尺寸图

（五）灯具设计打样阶段

　　灯具尺寸图制作完成后，接下来就是要进行灯具的打样，这是最重要的阶段，需要花费大量的财力、物力、人力和时间。灯具打样需要制定详细的模型制作计划表，在规定的时间段内和能接受的费用下完成达到目标效果的打样工作；把三维效果图和CAD尺寸图打印出来，集体讨论分析制作工艺手段，并制定详细的物料清单。

　　"魅影"是一款落地灯，具体购买的材料包括若干榉木、若干竹篾、灯泡、变压器和连接电线等。落地灯的底座材料选择用榉木来进行制作，因为榉木的材质坚硬，结构细腻，纹理清晰、笔直，耐磨性好，有光泽，在干燥的环境下也不容易变形，能保证该设计的造型和功能的正常实现。

材料备好后把设计的图案在图纸上打印出来，并进行裁剪，按照图案把榉木板加工出图案形状（如图4-27～图4-30）。

图 4-27　准备底座材料

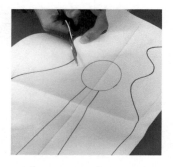

图 4-28　裁剪图纸图案

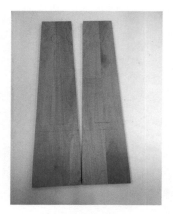

图 4-29　榉木板上绘制图案

图 4-30　切割成型

部件边角进行圆边和打磨处理：保证灯具产品后期的细节和美观性（如图4-31、图4-32）。用砂纸打磨时，先用粗砂纸、再用细砂纸充分打磨。如果不平整的地方差别太大，应充分用腻子填实，完整刮腻子，把所有的地方找平，然后再用细砂纸（2000目）对腻子表面进行抛光处理。

开榫：手工开榫是先祖留给我们的宝贵财富，古时候没有机床，制作榫卯都得靠手工来完成。而随着科技的不断发展，现在专门用人工来制作榫卯的越来越少了，一方面原因是劳动力太贵；另一方面也是因为手工制作榫卯对技艺要求很高，能静下心来的学徒也变得越来越少了。相比于纯手工制作榫卯，实木开榫机在效率和精度上有了很大的提高（如图4-33）。

图 4-31　圆边处理　　　　　　图 4-32　砂纸打磨

图 4-33　确定榫卯位置并开榫

手工编制竹灯笼：竹编是把竹子剖劈成篾片或篾丝并编织成各种用具和工艺品的一种手工艺。工艺竹编不仅具有很大的实用价值，更具深厚的历史底蕴。

竹编工艺主要分为材料处理、编织和收尾三个阶段。材料处理就是把竹子加工成篾子；编织就是用篾子编成各种产品；收尾是不可或缺的辅助补充工序，目的是使竹编产品更加美观、精致、顺手、耐用（如图4-34）。

图 4-34　手工编制竹灯笼

试装：所有的部件完成后进行试装，确保灯具的各部件对接无误（如图4-35）。

图4-35　试装

上漆：灯具上漆其实是一道相当关键的工序，它既直接影响灯具的品质，又影响灯具的外观（如图4-36）。

图4-36　上漆

接线并进行灯光测试：理清电线的连接关系，并保证电路安全，通电进行灯光测试。调整光源功率、灯罩、光影效果，直至理想状态（如图4-37）。

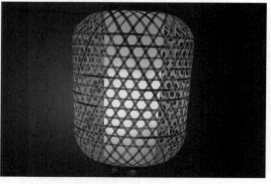

图4-37　接线并灯光测试

"魅影"灯具设计经过6周的设计与制作过程，最终组装后的整体效果如图4-38。

图 4-38　不通电与通电的效果

灯具打样的过程是一个艰难的过程，需要制订详细的灯具模型制作计划表，需要花费大量时间和精力。同时，这也是一个再设计的过程，在打样的过程中需要不断地根据实际情况进行方案调整。

二、"江南"新中式落地灯设计打样实例解析

（一）前期概念的产生

"江南"这款新中式落地灯，灵感来源于中国古代建筑的圆窗及其漏窗图案。灯的整体造型中间三个圈中轴线的布局是源自于中国古代建筑中轴线的布局，而旁边两个圈是为了打破这种布局，从而达到新中式的感觉。

漏窗图案的融入使得整个灯具有中国传统古代建筑的韵味，但是其造型又偏向于现代感。每个发光的灯具与其所在的室内环境形成了鲜明的对比，明暗相间的光影效果，为观赏者创造出一种和作品对话的安静氛围。不堆叠的设计，带来家中一隅的感觉。

（二）灯具创意草图

这部分工作主要是对灯具设计进行前期铺垫，以及对应用的概念和功能进行规划和设想［如图4-39（a）］。

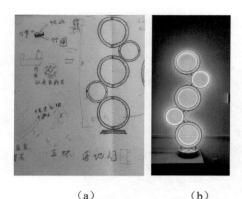

（a）　　　　　　（b）

图4-39 "江南"落地灯
草图（a）和效果图（b）

（三）三维计算机效果图的制作

确定创意概念后，需将确定的创意草图在计算机上用犀牛或3ds Max软件做出三维效果，三维效果图能够直观地表达出设计师对方案的理解，并从整体的造型、材质、空间结构、细节、色彩和灯光等方面进行全方位的模拟［如图4-39（b）］。

（四）灯具AutoCAD尺寸图制作

用CAD软件绘制相关图纸，包括灯具三视图、零件图、局部剖视图和材料订购清单，确定灯具的大小比例和具体尺寸（如图4-40）。

（五）灯具设计打样阶段

灯具CAD尺寸图制作完成后，接下来就是按材料清单购买所需的材料，进行灯具的打样工作（如图4-41）。

图4-40 "江南"落地灯尺寸图

图4-41 灯具备料

"江南"是一款新中式落地灯，具体要购买的材料包括：

① 支架主要材料：竹圆环、竹圆板、竹方条、竹棒等；

② 灯光材料：LED灯带、变压器、电线、线头一分二接口、脚踏开关等；

③ 连接材料：金属垫片、螺钉、长自攻螺钉等。

对准备好的竹圆环进行加厚处理：先用胶水对竹圈进行叠加，再进一步在侧面打孔，填上白乳胶，打入竹棒固定（如图4-42）。

对加厚过的竹圆环进行打磨处理，使整体细节更加精致美观（如图4-43）。打磨后，竹圆环内侧加入竹方条用来隐藏灯带电线，并进行竹圆环内侧打磨处理（如图4-44、图4-45）。接着对灯具进行打孔处理（如图4-46）。

图 4-42　竹圆环加厚处理

图 4-43　竹圆环加厚后打磨处理

图 4-44　竹圆环内侧加竹方条隐藏灯带

图 4-45　竹圆环内侧打磨

制作底座：先在竹圆板上给电源开关打孔，再制作变压器盒，并对底部变压器盒进行固定，最后在变压器盒上打孔，安装五金连接件进行连接（如图4-47～图4-49）。

图 4-46 对灯具连接处进行标点、划线、打孔

图 4-47 给电源
开关打孔

图 4-48 制作
变压器盒

图 4-49 把变压器盒安装在竹圆板上

图 4-50 竹圆环组装

图 4-51 灯带组装

组装：把几个竹圆环组装在一起，再安装在底座上面（如图4-50）。组装完后开始接电线、安装灯带，安装好灯带后看灯具的效果（如图4-51）。

漏窗图案装饰：制作漏窗图案装饰图案，安装灯带后对漏窗图案进行试组装，并对其进行打磨和上色处理（如图4-52）。

细节处理：安装漏窗图案后发现缝隙有漏光，加上竹丝进行挡光处理，并在内圈贴灯纸；组装漏窗图案后发现灯具有点不稳，对其进行进一步固定（如图4-53～图4-55）。

图4-52　漏窗图案装饰

图4-53　竹丝挡光处理　　图4-54　竹圆环内圈贴灯纸　　图4-55　固定灯具处理

经过细节处理后，对灯具进行灯光测试，保证灯具达到预期效果（如图4-56）。

图4-56　灯光效果测试

三、"与山、与水、与影"壁灯设计打样实例解析

（一）前期概念的产生

"与山、与水、与影"是一款装饰性家用壁灯，材料选用导光亚克力板、软铁丝、竹板。灵感来源于群山和河面形成的倒影，群山与河面倒影之间形成一种独特的对称美，上下一体，浑然天成。在制作选材上，上下亚克力板和软铁丝的群山与倒影有一种互补般的对称，给人一种安静舒适的美感。在外形上，用流畅的线条勾勒出群山的形态，线条有规律地变化，有着空间延伸的效果，使人的视野更加开阔而明朗。简洁个性的设计，细细勾勒简单生活。纯净柔和的暖白光，安然柔美，赋予灯饰一种独特的内涵与气质。

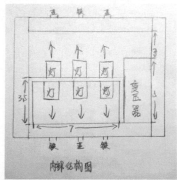

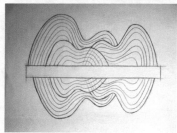

图4-57 "与山、与水、与影"设计草图

（二）灯具创意草图

概念创意草图是灯具设计过程中最重要的环节，从前期在头脑中的模糊概念到呈现在二维纸稿上的创意草图，这段时间要经历对概念创意不断的讨论、推翻、调整和修改，画出大量的创意草图，最终选出一个可行性大的创意方向进行创意延伸（如图4-57）。

（三）三维计算机效果图的制作

确定创意概念后，需将确定的创意草图在计算机上用犀牛或3ds Max软件做出三维效果，三维效果图能够直观地表达出设计师对方案的理解，并从整体的造型、材质、空间结构、细节、色彩和灯光等方面进行全方位的模拟。

（四）灯具AutoCAD尺寸图制作

用CAD软件绘制相关图纸，包括灯具三视图、零件图、局部剖视图和材料订购清单，确定灯具的大小比例和具体尺寸（如图4-58）。

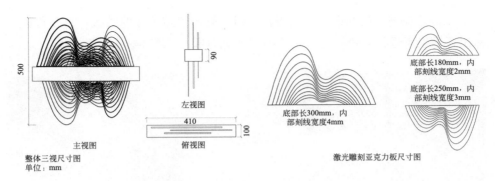

主视图

整体三视尺寸图
单位：mm

左视图

俯视图

底部长300mm，内
部刻线宽度4mm

底部长180mm，内
部刻线宽度2mm

底部长250mm，内
部刻线宽度3mm

激光雕刻亚克力板尺寸图

图4-58 "与山、与水、与影" CAD图

（五）灯具设计打样阶段

灯具CAD尺寸图制作完成后，接下来就是按材料清单购买所需的材料，进行灯具的打样工作。

"与山、与水、与影"这款装饰性家用壁灯，具体要准备的材料包括：

① 竹板、2.5mm软铁丝；

② 灯光材料：卡扣、25V变压器、开关线、连接电线、灯带；

③ 定制激光雕刻亚克力板（如图4-59）。

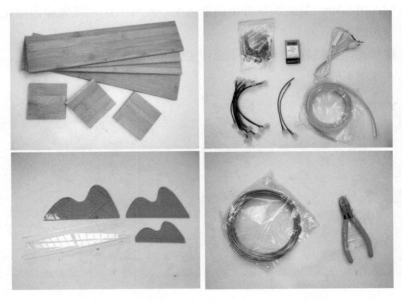

图4-59 备料

开料并开槽：按图纸尺寸先进行开料，开出合适尺寸的竹板，再在竹板上标出开槽位置进行开槽处理，用于固定亚克力板（如图4-60）。

图 4-60　开料后进行开槽

　　造型：用2.5mm的软铁丝绕出山的造型，尺寸大小遵循规律而变化，一共绕三组（如图4-61）。

　　开铁丝孔：根据软铁丝的大小进行定位，在竹板上标出打孔位置，用打孔机开孔（如图4-62）。

图 4-61　用铁丝造型

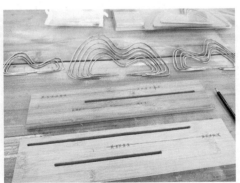

图 4-62　确定铁丝孔位置并开孔

打磨：先用锉刀进行粗打磨，然后用不同目数的砂纸从粗到细进行打磨（如图4-63）。

图 4-63　锉刀打磨和砂纸打磨

铁丝与竹板的组装：将铁丝和竹板进行试装，保证部件能完美切合在一起（如图4-64）。

图 4-64　铁丝与竹板的组装

亚克力板、软铁丝与竹板的组装：将激光雕刻亚克力板和造型好的软铁丝插入到竹板槽里面，并用胶水进行固定（如图4-65）。

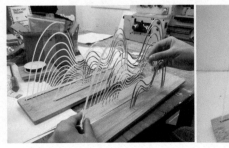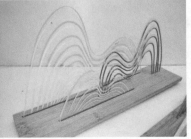

图 4-65　亚克力板与竹板的组装

制作灯带固定槽：用亚克力板制作灯带固定槽（如图4-66）。

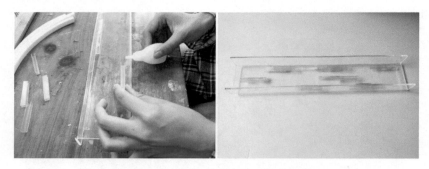

图 4-66　制作灯带固定槽

组装灯带：将裁剪好的灯带装入卡扣内，接上连接电线，做成串联电路（如图4-67）。

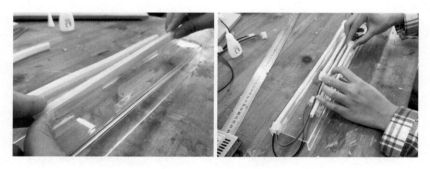

图 4-67　组装灯带

接变压器，测试电路：接上变压器，保证安全，测试电路并进行调整，保证灯带串联电路有效，确保每节灯带都能亮（如图4-68）。

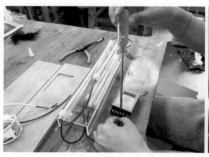

图 4-68　接变压器和测试电路

把亚克力灯带固定槽隐藏进制作好的竹盒中（如图4-69）。

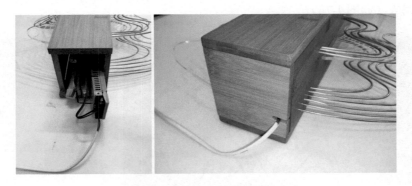

图4-69　灯带固定槽隐藏进竹盒中

安装挂扣：因为灯具是壁灯，所以需要给灯具安装挂扣（如图4-70）。

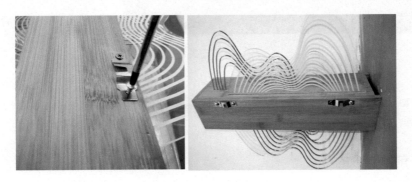

图4-70　安装挂扣

涂木蜡油：整体打磨过后，用海绵均匀涂上木蜡油，用棉签对细小部位上油（如图4-71）。

图4-71　涂木蜡油

最终还要对灯具进行照明效果的测试与调整，经过测试和调整后，灯具才真正完成（如图4-72）。

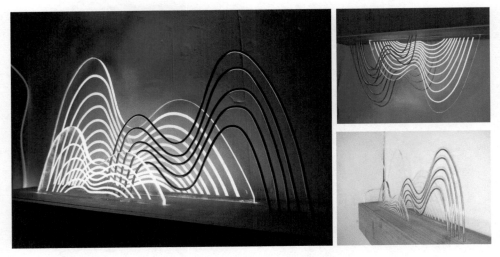

图4-72　开灯与关灯的最终效果

四、"莲君子"灯具设计打样实例解析

（一）前期概念的产生

竹，有着不一般的中国传统文化含义，竹子四季常青象征着顽强的生命；竹子空心代表虚怀若谷的品格；其枝弯而不折，是柔中有刚的做人原则；生而有节、竹节必露则是高风亮节的象征。竹的挺拔洒脱、正直清高、清秀俊逸也是中国文人的人格追求，是君子的象征，是中国美德的物质载体。

莲，"出淤泥而不染，濯清涟而不妖，中通外直，不蔓不枝，香远益清，亭亭净植，可远观而不可亵玩焉"（出自宋·周敦颐的《爱莲说》）。莲在诗人笔下，不仅表示坚贞、纯洁，还是谦逊、恬谧、自守廉清形象的象征。

所以，这款"莲君子"台灯的创作灵感就来源于此，它是竹与莲的组合，由"君子"之称的竹做成莲花灯罩。利用竹篾组合、弯曲成莲花的花瓣（里外共三层），让灯光从三层相间的竹篾花瓣缝隙中透出，形成光影效果，借寓君子坚持自我、不怕威逼利诱、刚直不阿的气魄。

（二）灯具创意草图

概念创意草图是灯具设计过程中最重要的环节，从前期在头脑中的模糊概念到呈现在二维纸稿上的创意草图，这段时间要经历对概念创意不断的讨论、推翻、调整和修改，画出大量的创意草图，最终选出一个可行性大的创意方向进行创意延伸（如图4-73）。

图 4-73 "莲君子"台灯草图

（三）三维计算机效果图的制作

确定创意概念后，需将确定的创意草图在计算机上用犀牛或3ds Max软件做出三维效果，三维效果图能够直观地表达出设计师对方案的理解，并从整体的造型、材质、空间结构、细节、色彩和灯光等方面进行全方位的模拟。

（四）灯具AutoCAD尺寸图制作

用CAD软件绘制相关图纸，包括灯具三视图、零件图、局部剖视图和材料订购清单，确定灯具的大小比例和具体尺寸（如图4-74）。

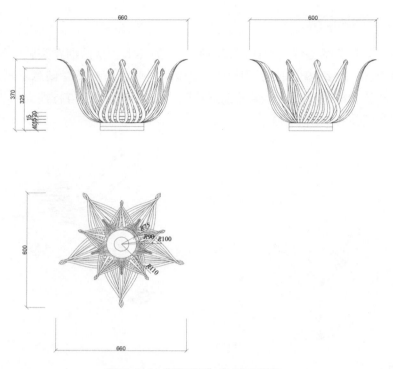

图 4-74 "莲君子"台灯三视图

（五）灯具设计打样阶段

灯具CAD尺寸图制作完成后，接下来就是按材料清单购买所需的材料，进行灯具的打样工作。

"莲君子"台灯制作具体要准备的材料包括：

① 竹板、竹篾；

② 灯光材料：开关线、连接电线、灯泡。

固定竹篾并热弯：用胶水暂时固定竹篾，并通过热风机进行热弯处理，制作出花瓣形状（如图4-75、图4-76）。

灯具底座制作：进行切割、打孔、打磨，制作出圆形底座（如图4-77）。

试装：对各个部件进行试装，并观察整体效果，保证灯具的美观性（如图4-78）。

涂木蜡油：为了灯具的美观和质量有保证，对灯具各部件涂木蜡油处理（如图4-79）。

图 4-75　固定竹篾并进行热弯

图 4-76　热弯后做出花瓣状

图 4-77　灯具底座制作

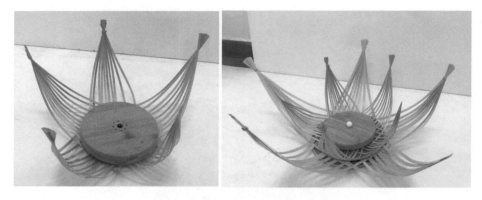

图 4-78　试装灯具

图 4-79　涂木蜡油

组装：对各个部分进行胶合组装成型（如图4-80）。

图 4-80　组装

灯光测试并调整：对灯光进行测试，并调整亮度和光影效果（如图4-81）。

图4-81　灯光测试并调整

到这里，"莲君子"台灯设计与制作完成。

总结回顾

对于灯具设计课程来讲，灯具制作环节至关重要，否则灯具设计具有任意性，易流于形式。本章主要讲述了灯具模型制作的技术路线，灯具模型制作的前期备料以及相关工艺，灯具制作后期光源的选择、电路的安装，灯具照明效果的测试与优化；并通过一些案例详细展示和分析学生灯具制作过程。本章的学习重点是动手制作前期通过图纸设计出来的灯具方案。灯具的模型制作是灯具设计方案得以优化的关键环节以及核心手段，也充分发挥校内实验室对实践教学的支撑作用，提升学生的设计实践能力。

课后实践

▣　设计一款灯具，选择合适材料并进行手工制作。

参考
文献

[1] 张慧明. 我国历史上灯具设计的六个发展阶段[J]. 艺术大观，2010（07）：234-235.

[2] 陈大华. 照明光源的发展历程及未来展望[J]. 照明工程学报，2019（01）：10-14.

[3] 田金花. 巴洛克与洛可可室内软装饰设计比较研究[D]. 唐山：华北理工大学，2017.

[4] 崔星雨. 基于巴洛克灯具造型艺术的现代室内灯具的再设计[D]. 苏州：苏州大学，2017.

[5] 周珂. 文创之光——从古代油灯到时尚灯具设计[D]. 南京：南京艺术学院，2019.

[6] 任巍. 我国灯具设计的文脉研究[D]. 长春：吉林大学，2009.

[7] 胡卫军. 我国古代灯具设计发展的文脉[J]. 艺术与设计，2008（02）：157-159.

[8] 许美琪. 西方古典建筑的历史脉络[J]. 家具与室内装饰，2016（01）：13-15.

[9] 李程. 中国古代灯具造型特征研究[D]. 重庆：重庆大学，2013.

[10] 李红云. 浅谈西方古典建筑文化发展历程[J]. 城市建设理论研究（电子版），2017（34）：62.

[11] 保东. "移情"在灯具产品设计中的应用研究[D]. 西安：西安工程大学，2017.

[12] 孙珊珊. 灯具逆向设计思维方法探讨[J]. 黑河学院学报，2019（07）：181-182.

[13] 王琦. 融入文化元素的情感化交互产品设计——情感交互灯具设计[D]. 贵阳：贵州师范大学，2016.

[14] 罗雅婷. 现代竹制灯具的系列化设计[D]. 北京：北京理工大学，2017.

[15] 刘桂铭. 中国传统民族图形在灯具设计中的应用研究[D]. 无锡：江南大学，2018.

[16] 邓欢琴. 论色彩在灯具设计中的合理应用[J]. 美术界，2010（09）：89.

[17] 檀星宇. 可交互的灯具设计[J]. 戏剧之家，2019（20）：140-141.

[18] 崔晓磊，王逢瑚，赵俊学. 材料在现代灯具设计中的表现[J]. 家具与室内装饰，2007（10）：90-91.

[19] 郭旭敏. 探究形式美法则在文创产品设计中的应用——以桂林旅游灯具为例[J]. 明日风尚，2020（01）：35，37.

[20] 高屹扬. 对于家居灯具造型设计趋势的几点思考[J]. 居舍，2019（26）：80.

[21] 杨晓丹，成旭东，周玉华. 基于正多面体演变的正星体状模块化灯具设计研究[J]. 包装工程，2021，42（02）：113-117.

[22] 吴婕. 移植法在产品创新设计中的运用[J]. 艺海，2016（11）：95-96.

[23] 刘晖. 中国传统元素在灯具设计中的应用研究[D]. 北京：华北电力大学，2013.

[24] 吴智慧. 竹藤家具制造工艺[M]. 北京：中国林业出版社，2009.

[25] 张新伟，王静，谈雄. 浅议生态板的环保实用性[J]. 河北农机，2016（09）：32.

[26] 周和荣. 安全员专业知识与务实[M]. 北京：中国环境科学出版社，2010.

[27] 黎启柏，朱建辉. 水下开孔器液压控制系统的分析改进[J]. 机电工程技术，2000（z1）：17.

[28] 黄荣文. 精密推台锯安全操作的深度分析[J]. 木工机床，2010（01）：16-17.

[29] 李研. 国外数控车床可靠性对比分析[D]. 长春：吉林大学，2006.

[30] 刘季运. 弯管机历史发展 [M]. 北京：北京科学技术出版社，2014.

[31] 高霞. 数控雕刻机设计实践教学研究 [J]. 南方农机，2020，51（08）：96.

[32] 边文婷. 基于光构成理念的家居灯具设计研究 [D]. 长沙：中南林业科技大学，2014.

[33] 靳慧. 重视家装的灯具选择与光源设计 [J]. 科技资讯，2009（21）：203.

[34] 孙艺萌. 家居灯具选材影响因素及设计分析 [J]. 设计，2018（19）：104-106.

[35] 彭海红. 备料系统设计与开发 [D]. 扬州：扬州大学，2018.

[36] 时旺弟. 非遗手工艺技法动作思维驱动产品模型课程教学实践研究——以新会葵艺灯具制作为例 [J]. 设计，2019，32（13）：92-95.

[37] 伍斌. 灯具设计 [M]. 北京：北京大学出版社，2010.

[38] 金涛. 产品设计开发 [M]. 北京：海洋出版社，2010.

[39] 谢大康. 产品模型制作 [M]. 北京：化学工业出版社，2003.